Expedition Arktis

Die größte Forschungsreise aller Zeiten

Esther Horvath

Sebastian Grote
Katharina Weiss-Tuider

Mit einem Vorwort
von Markus Rex

Mit weiteren Fotografien von
UFA Show & Factual

PRESTEL
München · London · New York

Expedition Arktis

Die größte Forschungsreise aller Zeiten

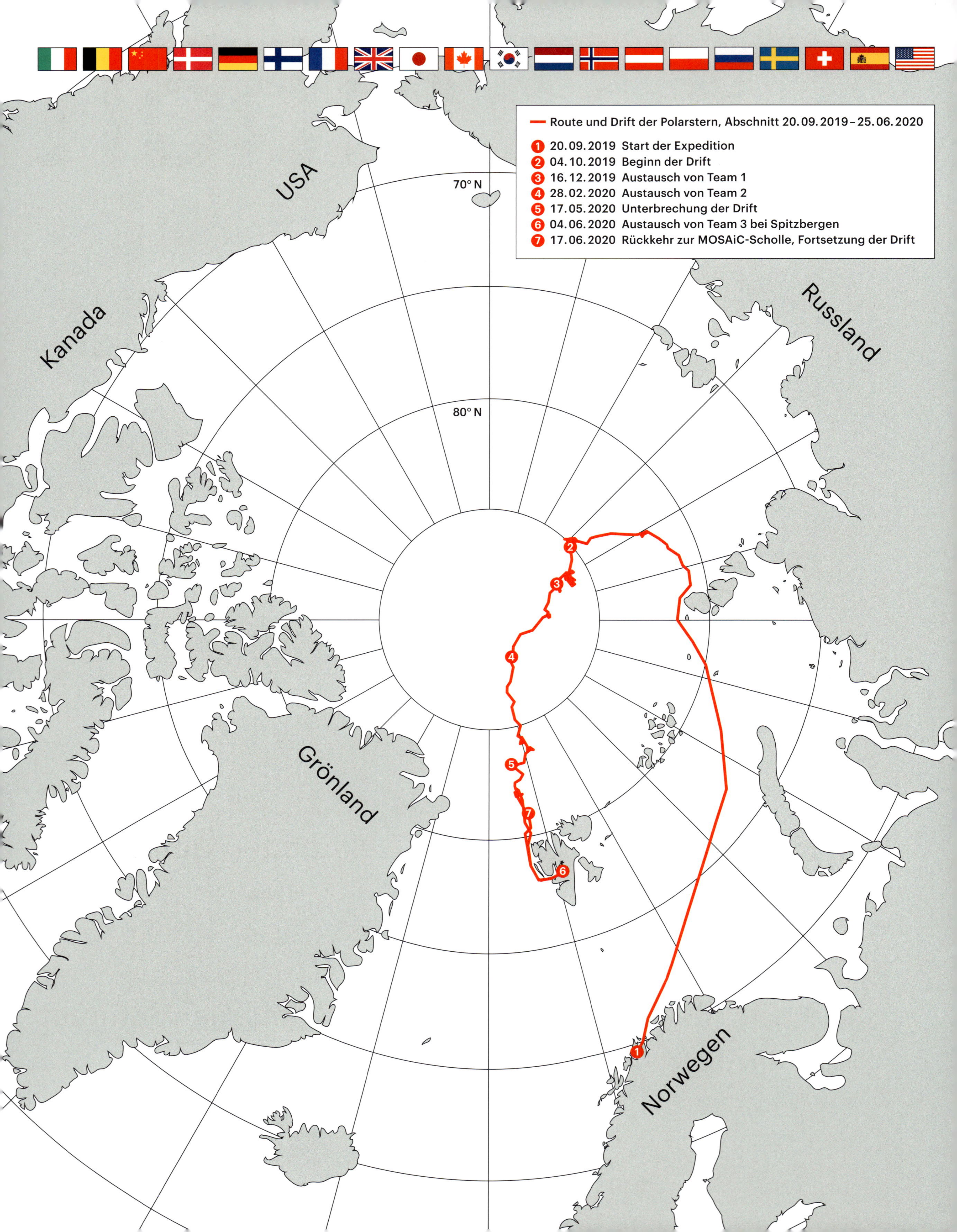

Route und Drift der Polarstern, Abschnitt 20.09.2019–25.06.2020
1 20.09.2019 Start der Expedition
2 04.10.2019 Beginn der Drift
3 16.12.2019 Austausch von Team 1
4 28.02.2020 Austausch von Team 2
5 17.05.2020 Unterbrechung der Drift
6 04.06.2020 Austausch von Team 3 bei Spitzbergen
7 17.06.2020 Rückkehr zur MOSAiC-Scholle, Fortsetzung der Drift
USA
70° N
Russland
Kanada
80° N
Grönland
Norwegen

Inhalt

I

Während der MOSAiC-Expedition erforschen Wissenschaftlerinnen und Wissenschaftler aus zwanzig Nationen die Arktis im Jahresverlauf. Von Herbst 2019 bis Herbst 2020 driftet der deutsche Eisbrecher Polarstern eingefroren im Eis durch das Nordpolarmeer. MOSAiC wird unter Leitung des Alfred-Wegener-Instituts, Helmholtz-Zentrum für Polar- und Meeresforschung (AWI) realisiert. Damit dieses einzigartige Projekt gelingt und möglichst viele wertvolle Daten gewonnen werden, arbeiten über achtzig Institute in einem Forschungskonsortium zusammen. Das Budget der Expedition beträgt über 140 Millionen Euro.

Im vorliegenden Fotoband wird die MOSAiC-Expedition begleitet, die größte Arktisexpedition, die jemals durchgeführt wurde. In den Fußstapfen von Fridtjof Nansen sind während der verschiedenen Phasen der Expedition insgesamt etwa 500 Expeditionsteilnehmerinnen und -teilnehmer aufgebrochen, um das Klimasystem der zentralen Arktis zu verstehen. Dabei haben sie neue Meilensteine der Polarforschung erreicht: Noch nie ist ein Schiff im Winter so weit nördlich in die zentrale Arktis vorgestoßen wie die Polarstern während der MOSAiC-Expedition. Aus eigenem Antrieb ist das nicht zu schaffen – das Eis im Winter ist zu dick. Deshalb hat die Expedition sich im Spätsommer auf der sibirischen Seite der Arktis in das Eis einschließen und mit der natürlichen Drift des Eises fast über den Nordpol zur Eiskante im Atlantik tragen lassen – allein durch Wind und Strömungen und den Kräften der Natur vollständig ausgeliefert.

Während Stürme die Polarnacht durchpeitschten, sich unter dem gewaltigen Druck des Eises viele Meter hohe Gebirge aus Eisschollen um das Schiff herum auffalteten und während die Welt auf dem Eis in der absoluten Schwärze der Polarnacht auf die kleine Lichtblase der eigenen Stirnlampe zusammenschrumpfte, hat das Expeditionsteam einzigartige Erfahrungen gemacht. Das Erscheinen des ersten Lichts nach der monatelangen winterlichen Nacht, zuerst zaghaft und flüchtig am Horizont und schließlich der erste Sonnenaufgang, die Zeit des Schmelzens im Sommer, der azurblauen Schmelztümpel auf dem Eis und die permanent um den Horizont nach oben kreisende Sonne waren beeindruckende Erlebnisse. Und dazu die vielen Besuche von Eisbären, wunderschönen, Respekt einflößenden Tieren, die ihren eisigen Lebensraum behände durchstreifen und uns Menschen dabei klein erscheinen lassen.

> „Wir brauchen solide wissenschaftliche Grundlagen, um die anstehenden politischen Entscheidungen zum Klimaschutz treffgenau und evidenzbasiert gestalten zu können [...]. Nur so können unsere Gesellschaften auf fundierten Erkenntnissen beruhende Entscheidungen treffen."
>
> **Markus Rex**

Aber es gab auch das normale Leben an Bord, alltägliche Dinge wie Brötchenbacken, Haareschneiden und das ständige An- und Ablegen der Expeditionsausrüstung, um sich in die eisige Kälte und die Stürme auf dem Eis begeben zu können. All das hat Esther Horvath in einzigartiger Weise mit ihren faszinierenden Fotos dokumentiert und für uns alle festgehalten. Das Stöbern durch diesen Bildband gleicht einem Streifzug durch die verschiedenen Phasen der Expedition. Auch ich fühle mich beim Betrachten der Bilder zurückversetzt in diese einmalige Landschaft und spüre wieder die Atmosphäre und die Stimmungen während der Expedition.

Aber warum haben wir diese Expedition durchgeführt? Warum haben wir in einer nie dagewesenen logistischen Leistung insgesamt fünf Eisbrecher, Hubschrauber und Flugzeuge eingesetzt, um das zentrale Expeditionsschiff, die Polarstern, zu versorgen und diese Jahrhundertexpedition möglich zu machen? Warum haben Hunderte von Expeditionsteilnehmerinnen und -teilnehmern größte Härten auf sich genommen, um ihre Instrumente unter widrigsten Umständen auf dem Eis der Zentralarktis einzusetzen?

Die Arktis ist das Epizentrum des Klimawandels. Kein anderer Bereich unseres Planeten erwärmt sich so schnell wie die Arktis. Hier schreitet die Erwärmung mindestens doppelt so schnell voran wie im Rest der Welt – und in den Wintermonaten ist sie noch viel ausgeprägter. Ich reise seit Anfang der 1990er-Jahre in die Arktis. Und sie ist jetzt schon eine andere Welt als damals. Wenn ich in den 90ern im Winter zu unserer Forschungsstation auf Spitzbergen bei etwa 80 Grad Nord kam, gab es dort nur Schnee und Eis. Es war eine tiefgefrorene Landschaft aus weiß glitzernden Schneekristallen und tiefblauen Eisblöcken. Die Station liegt am Ufer eines Fjords, aber dieser war im Winter gefroren und kaum wahrnehmbar. Unzählige Male habe ich ihn auf Skiern und Schneemobilen überquert.

Wenn ich heute zur Station komme, plätschert mitten im Winter flüssiges Wasser vor meinen Füßen. Der Fjord ist seit mehr als einem Jahrzehnt nicht mehr zugefroren, und wo früher massives Eis lag, spielen jetzt muntere Wellen im Wind. Wir fahren mit Booten dort entlang, wo ich früher Ausflüge auf Skiern gemacht habe. Die Daten der Station zeigen eine Erwärmung der Wintermonate

um etwa 3 Grad Celsius pro Jahrzehnt, also deutlich über 6 Grad Celsius seit Mitte der 1990er-Jahre. Nirgends ist der Klimawandel augenfälliger. Man braucht hier keine hochgenauen Messgeräte oder ausgefeilte Statistik, um den Klimawandel nachzuweisen, man muss nur die Augen aufmachen. Aber um den Wandel verstehen und die Zukunft vorhersagen zu können, brauchen wir präzise Beobachtungen von Dutzenden sehr komplexer Klimaprozesse der Zentralarktis.

Leider ist die Arktis die Region unseres Planeten, deren Klimasystem wir bislang am wenigsten verstehen. Für das gleiche CO_2-Emissionsszenario unterscheiden sich die Vorhersagen verschiedener Klimamodelle für die Erwärmung der Arktis in Zukunft um einen Faktor drei. Für ein pessimistisches CO_2-Emissionsszenario schwanken die Vorhersagen der Erwärmung der Arktis bis zum Ende des Jahrhunderts zwischen 5 und 15 Grad Celsius. Und die Arktis ist die Wetterküche Europas. Der Temperaturkontrast zwischen der kalten Arktis und den wärmeren mittleren Breiten treibt das Hauptwindsystem der Nordhemisphäre an, den Westwindjet. Durch die stärkere Erwärmung der Arktis verändert sich dieses Windsystem, was tiefgreifende Konsequenzen für Wetter und Klima direkt bei uns in Europa, Nordamerika und Asien hat.

Wir brauchen solide wissenschaftliche Grundlagen, um die anstehenden politischen Entscheidungen zum Klimaschutz treffgenau und evidenzbasiert gestalten zu können. Wir brauchen zuverlässige Klimamodelle, sodass wir den Menschen sagen können, welche Konsequenzen sich jeweils aus den zur Diskussion stehenden Klimaschutzmaßnahmen ergeben werden. Nur so können unsere Gesellschaften auf fundierten Erkenntnissen beruhende Entscheidungen treffen. Dafür müssen wir die Klimaprozesse der zentralen Arktis besser verstehen und in unseren Klimamodellen besser abbilden. Deswegen sind wir auf diese einzigartige ganzjährige Mission in die Zentralarktis aufgebrochen. Mit den Bildern in diesem Band können Sie uns dabei begleiten.

Markus Rex,
Leiter der MOSAiC-Expedition
(Multidisciplinary drifting Observatory
for the Study of Arctic Climate)

POLARSTERN

Die Vermessung einer schwindenden Welt

Kaum ein Mensch hat es je bis hierher geschafft: Hunderte Kilometer entfernt von den nördlichsten Küstenstreifen der Welt, inmitten des Nordpolarmeeres, umgeben von Packeis, Kälte und Finsternis. An der Oberfläche toben Stürme und halten das Eis in Bewegung. Knirschend und krachend schiebt es sich zu meterhohen Türmen zusammen. Während der Polarnacht lässt nur der Mondschein die bizarren Silhouetten der Eisformationen erahnen.

Es scheint, als wollten Wind und Meer diese einzigartige Landschaft jeden Tag neu erschaffen. Jeden Augenblick könnte ein breiter Spalt im Meereis aufreißen und den Ozean darunter freigeben. Für einen Menschen ist dieser Ozean mit seiner Tausende Meter tiefen Dunkelheit eine tödliche Gefahr. Doch für das Leben auf unserem Planeten spielt er eine entscheidende Rolle, wie auch seine eisige Decke – und die vermeintlich so ferne Arktis überhaupt.

Die Arktis ist das Epizentrum des Klimawandels. Kaum eine Region der Erde hat sich in den vergangenen Jahrzehnten so schnell erwärmt. Anders als in den gemäßigten Breiten sind die Veränderungen hier bereits deutlich sichtbar. Und der dramatische Wandel schreitet schneller voran als erwartet. Längst steht fest: Wir müssen uns von der Arktis, wie wir sie heute kennen, verabschieden. In den immer wärmeren Sommern wird sich das Eis weiter zurückziehen. Die einst mächtigen, meterdicken Schollen werden dünner werden und immer seltener mehrere Jahre überdauern. Die einzigartige Kulisse der Arktis wird zerfallen – mit Auswirkungen weit über das Nordpolarmeer hinaus.

Was der Verlust der ‚alten' Arktis für unsere Zukunft bedeutet, kann heute noch niemand genau sagen. Am Nordpol gibt es keine Forschungsstationen und deshalb kaum Messdaten – insbesondere nicht aus der Polarnacht, die die zentrale Arktis während des gesamten Winterhalbjahres in Dunkelheit hüllt. Die Region um den Nordpol ist ein nahezu blinder Fleck in der Klimaforschung. Dabei wäre es weit untertrieben zu sagen, dies sei das einzige fehlende Puzzleteil. Vielmehr ist der gesamte Rahmen noch unbekannt. Doch wer die Arktis nicht versteht, wird auch den Klimawandel nicht verstehen.

Eine Dekade lang haben deshalb Wissenschaftlerinnen und Wissenschaftler Pläne geschmiedet, um diese Wissenslücke zu schließen. Herausgekommen ist eine logistische Choreografie, wie sie in der Zentralarktis noch nie stattgefunden hat. Sie sieht vor, dass der deutsche Forschungseisbrecher Polarstern ein Jahr lang eingefroren durch das Nordpolarmeer driftet und auf fünf Etappen jeweils hundert Expeditionsteilnehmerinnen und -teilnehmer aus über zwanzig Ländern an Bord gehen. Es sind nicht die ersten Menschen, die sich in den rauen, entlegensten hohen Norden wagen, um hier Messungen durchzuführen, aber, so der Plan, die ersten, die auf einem modernen Forschungseisbrecher auch im tiefsten Winter so nah an den Nordpol herankommen. Die in einer Region überwintern, die in der Finsternis und Kälte der Polarnacht nahezu unerreichbar ist, auf einer Route, die ihnen allein die Naturgewalt der Eisdrift vorgibt.

Für die Teilnehmerinnen und Teilnehmer aus aller Welt ist dies die Expedition ihres Lebens. Mit größter Sorgfalt bereiten sie sich darauf vor, lernen, wie man bei minus 40 Grad Celsius überlebt und in Dunkelheit arbeitet. Wie sie die sensible Messtechnik bedienen und Gefahren auf dem Eis erkennen, bevor diese zur Bedrohung werden. Alle wissen: Eine zweite Chance für eine solche Mission gibt es nicht.

Am 20. September 2019 schließlich beginnt die MOSAiC-Expedition der Polarstern: Im norwegischen Tromsø stechen die ersten hundert Teilnehmerinnen und Teilnehmer in See, während der ersten Wochen begleitet von weiteren Teammitgliedern auf einem zweiten Forschungsschiff, der russischen Akademik Fedorov. Hinter ihnen liegt einer der wärmsten Sommer, die in der Arktis bis dato gemessen wurden, vor ihnen eine monatelange Reise ins Ungewisse. Nach Tagen auf hoher See brechen sie ins Eis, wo ein Wettlauf gegen die Zeit beginnt. Auf einer Eisscholle schlagen sie ihr Forschungscamp auf und verbinden es mit einem weitverzweigten Netz von Messstationen. Dieses Stück Eis ist nun Heimat, Arbeitsplatz und Forschungsobjekt zugleich. Tag für Tag zieht sich die Sonne weiter zurück, bis sie ganz hinter dem Horizont verschwindet. Die Polarnacht beginnt und legt sich 150 Tage lang über die Arktis. Inmitten dieser kargen, nun in Dunkelheit gehüllten Landschaft bietet ihnen die Polarstern Schutz vor eisigen Stürmen, lebensfeindlichen Temperaturen und hungrigen Eisbären.

Das Schiff ist das Observatorium der Forscherinnen und Forscher, ein Auge in der so unbekannten Region. Hier vermessen sie die Atmosphäre und den Ozean mit seinen Lebewesen. Sie untersuchen das Eis und den Schnee darauf. Es geht ihnen um die kleinen und großen Zusammenhänge. Ihre Fragen sind eng miteinander verknüpft: Wie genau entsteht das Meereis? Was passiert, wenn die Eisschicht aufreißt und das vergleichsweise warme Ozeanwasser mit extrem kalter Luft in Berührung kommt? Was geschieht mit dem Ökosystem unter den extremen Bedingungen der Polarnacht, bevor im Frühjahr mit dem wieder zunehmenden Sonnenlicht explosionsartig neues Leben unter dem Eis entsteht? Und natürlich wollen die Wissenschaftlerinnen und Wissenschaftler dieser Expedition auf eine der wichtigsten Fragen unserer Zeit Antworten finden: Inwiefern ist die Arktis eine erste Betroffene und zugleich ein Treiber des Klimawandels?

Ihre Arbeit wird ein Meilenstein für die Klimaforschung. Doch gleichzeitig ist die Mission verbunden mit nie dagewesenen Herausforderungen, wissenschaftlicher und logistischer, aber auch zwischenmenschlicher Natur. Mensch, Maschine und die sensible Technologie von Messgeräten müssen unter den extremen Bedingungen der Arktis funktionieren. Berechnungen müssen stimmen, Rechnungen aufgehen, denn tun sie es nicht, gehen etwa Lebensmittel, Treibstoff oder Ersatzteile aus, kann die Mission in Gefahr geraten. Und trotz modernster Technologie hängt am Ende alles Gelingen davon ab, dass sich die Teammitglieder, so unterschiedlich sie in Bezug auf Beruf, Herkunft und Alter auch sein mögen, während dieser extremen Erfahrung aufeinander verlassen können.

Noch heute haben wir eine Vorstellung davon, wie die Polregionen unseres Planeten vor rund hundert Jahren ausgesehen haben. Schon Entdecker wie Amundsen, Scott und Nansen hielten ihre Expeditionen und Wettrennen zu den Polen mit der Kamera fest: grau-weiße und sepiafarbene grobkörnige Bilder, geschossen im vermeintlich ewigen Eis vergangener Tage. Die Aufnahmen, die während der MOSAiC-Expedition der Polarstern entstehen, sind hochauflösend. Sie zeigen im Detail, wie sich Menschen aufmachen, um eine schwindende Welt zu vermessen. Und sie laden ein teilzunehmen – an der größten Arktisexpedition unserer Zeit.

Esther Horvath, Sebastian Grote und Katharina Weiss-Tuider, Teilnehmende der Expedition, Zentralarktis im Oktober 2019

Feuertaufe

Vorbereitung für den Einsatz am Limit

1
2

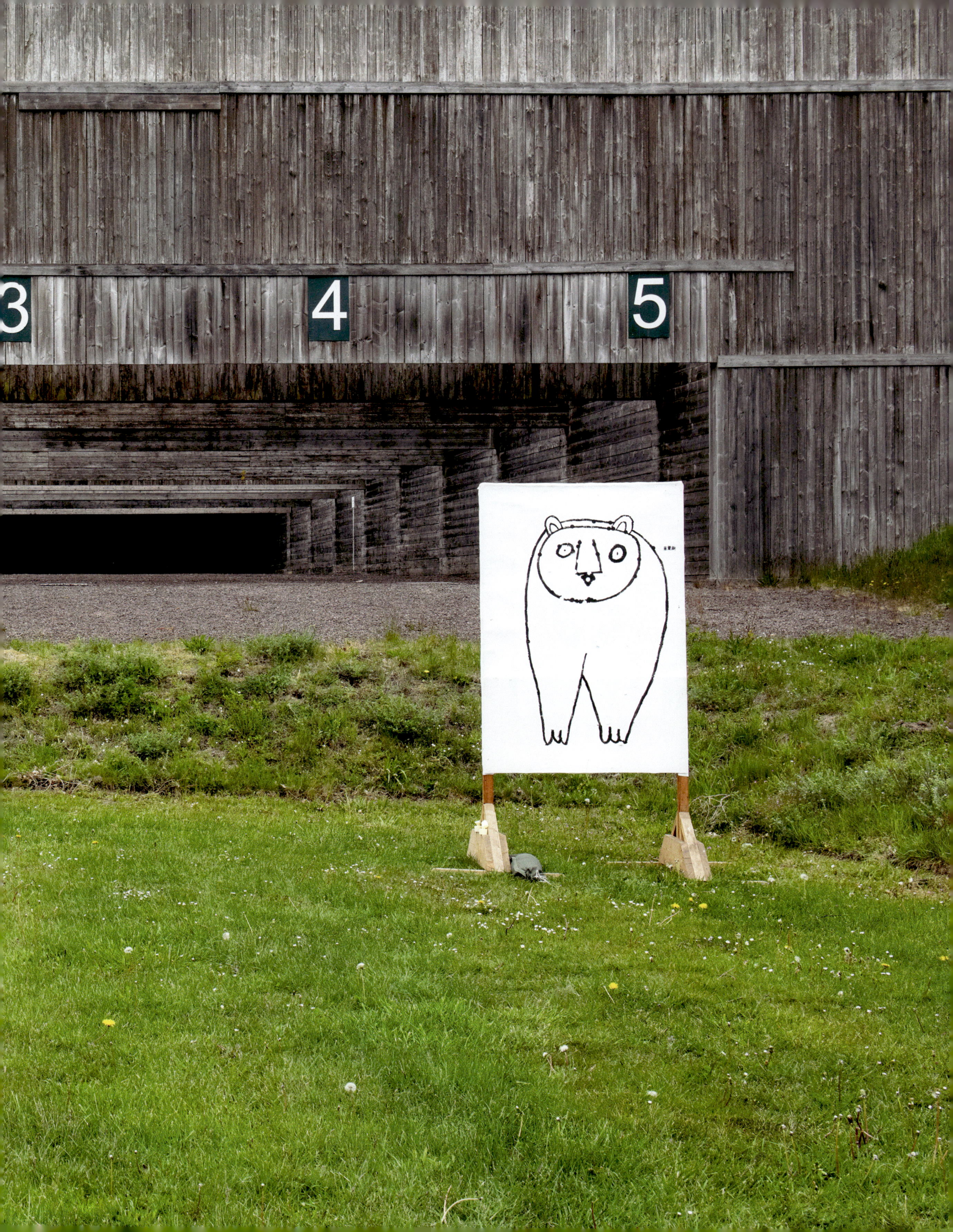
3
4
5

Im Sommer vor Expeditionsbeginn liegt die Polarstern in der Lloyd Werft Bremerhaven. Vom Grund des Trockendocks zeigen sich die Dimensionen des Eisbrechers deutlicher als an jedem anderen Ort. 118 Meter ist das Forschungsschiff lang, mit dem enormen Tiefgang von 11,2 Metern. Sie ist das Wahrzeichen der deutschen Polarforschung. Über 120 Expeditionen in die Arktis und die Antarktis hat der Eisbrecher hinter sich und dabei 1,7 Millionen Seemeilen zurückgelegt. Doch keine Expedition ist vergleichbar mit dem, was nun auf die Polarstern zukommt. Der Schiffsrumpf, den Arbeiter heute vorbereiten, wird bald monatelang von Eis umringt sein.

B

Bitterkalt ist es an jenem Märztag im norwegischen Ny-Ålesund, einem der nördlichsten Dörfer der Welt, als etwas abgelegen im Fjord ein paar Menschen reglos im Eiswasser treiben. Wie von Geisterhand getragen bleiben sie an der Oberfläche. Ein paar Minuten vergehen, bis sie mit ihren Armen mühsam zurück zur Küste rudern und sich an Land schleppen.

Nun sind sie überzeugt, dass sie die richtige Kleidung für ihre Mission gefunden haben: einen Überlebensanzug mit Auftrieb, der den nötigen Schutz bietet, in dem es sich aber dennoch einigermaßen gut arbeiten lässt. Für das, was sie vorhaben, werden sie die beste Ausrüstung brauchen. Das internationale Forschungsdorf Ny-Ålesund liegt auf der arktischen Inselgruppe Spitzbergen und ist damit ein ideales Testgelände für die MOSAiC-Expedition. Doch sie wissen: Da, wo sie hinwollen, werden die Temperaturen noch viel tiefer, die Winde noch viel stärker sein.

Zurück an Land warten schon die nächsten Übungen. Auf dem Programm steht unter anderem die Fortbewegung mit Schneeschuhen und Skiern. Außerdem bauen sie ein großes Zelt auf, das auf ihrer Expedition einen Fesselballon für die Atmosphärenforschung beherbergen soll. Jetzt nehmen sie sich dafür die Zeit, die sie in der Polarnacht nicht haben werden. Sie üben den Aufbau, bis er Routine ist und sogar mit geschlossenen Augen gelingen würde.

Wenige Wochen zuvor in Nordfinnland: Die Temperaturen fallen unter minus 20 Grad Celsius. Die Region ist beliebt bei Touristen, doch bis zum Saisonstart dauert es noch Monate. Das Arctic Lighthouse Hotel am Strand der Insel Hailuoto öffnet nur für eine Gruppe von rund sechzig Wissenschaftlerinnen und Wissenschaftlern. Jeden Morgen nach dem Frühstück lassen sie den Strand, der bei den Touristen so beliebt ist, hinter sich und gehen auf das nahe gelegene Meereis. Wie bei einem ausgedehnten Zirkeltraining arbeiten die Teilnehmerinnen und Teilnehmer verschiedene Stationen ab: Schneemobil fahren, Eisdicke messen, Eislöcher sägen und Eiskerne ziehen. Eine Arbeitsgruppe hat zudem ein spezielles Navigationssystem entwickelt, das sie nun zum ersten Mal unter realen Bedingungen testen. Da sich eine Scholle während der Eisdrift bewegt, ist dort ein gewöhnliches GPS-Gerät nutzlos – jeder Messpunkt ist ein paar Minuten später schon woanders. Deshalb haben ein paar Meereisphysiker das sogenannte IceFloe-Navi entwickelt. Die Tabletanwendung zeigt ein Koordinatensystem, das mit der Eisscholle wandert. So können die Wissenschaftlerinnen und Wissenschaftler immer sehen, an welcher Stelle sie eine bestimmte Probe genommen haben, wo gefährliche Regionen sind oder wie sie bei dichtem Nebel zurück zur Polarstern finden.

Die Arbeitsbedingungen auf der MOSAiC-Expedition werden ihnen das Äußerste abverlangen. Im tiefsten Winter auf einer Eisscholle in der Nähe des Nordpols zu arbeiten, wird für die meisten eine neue Herausforderung sein. Sie alle haben deshalb mehrere Wochen lang auch an Orten nördlich des Polarkreises in der Arktis trainiert, unter zumindest ansatzweise vergleichbaren Bedingungen. Sie haben sich mit dem Inhalt von Notfallboxen vertraut gemacht, den Umgang mit ihren Messinstrumenten bei Kälte und Dunkelheit geübt. Sie sind bis zur Erschöpfung mit Rettungswesten in einem Schwimmbad gerudert und haben mit verbundenen Augen Brände gelöscht. Weil ihre Expedition in das Reich der Eisbären führt, haben sie gelernt, wie sie sich bei einer Begegnung mit dem Raubtier verhalten sollten. In allerletzter Konsequenz könnte das sogar bedeuten, unter hohem Stress mit einem Gewehr zu schießen. Eine kleine Gruppe von Kapitänen und Offizieren hat schließlich tagelang den absoluten Ernstfall geprobt: Wie überlebt das Team, wenn sie das Schiff inmitten des arktischen Meereises evakuieren müssen – über 1000 Kilometer entfernt von der nächsten Seerettungsstation?

Während sie in der Kälte ausharren und auf Rettung warten, bereiten Werftarbeiter in Bremerhaven die Polarstern auf ihre einjährige Mission vor. Im Trockendock schweißen, hämmern und lackieren sie. Dieses Mal gehen die Wartungsarbeiten über das normale Maß hinaus. Als Schutzmaßnahme für die anstehende Überwinterung in der Arktis bauen sie unter anderem eine neue Tankheizung ein. Sie installieren einen zusätzlichen Kran am Bug,

„Die Polarstern ist das Zentrum von MOSAiC – sozusagen der Fels in der Brandung. Wenn etwas schiefgeht, ist die Polarstern noch da. Dafür muss ich sorgen, darin sehe ich meine Aufgabe." Kapitän Stefan Schwarze

der die schweren Messgeräte auf die Scholle bringen soll. Außerdem bekommt das Schiff eine neue Winde für den sogenannten Moonpool, einen Schacht, der im Eis eine direkte Verbindung zum Wasser ermöglicht. Nur wenige Hundert Meter weiter liegt das Hafenlager des Alfred-Wegener-Instituts. Hier füllen sich die Regale mehr und mehr. Insgesamt 500 Tonnen Fracht wird die Expedition mitnehmen – von schwerem Gerät wie Pistenraupen bis hin zu einer Vielzahl an Schrauben. Was sie jetzt nicht einpacken, könnte später beim Aufbau des Forschungscamps schmerzlich fehlen, wenn der nächste Baumarkt in unerreichbarer Ferne liegt.

Im Fjord von Ny-Ålesund, auf dem Schießstand und in simulierten Notsituationen haben die Teilnehmerinnen und Teilnehmer nicht nur eine Menge über die Arbeiten und Gefahren auf dem Eis gelernt, für viele von ihnen hat hier die Expedition bereits wirklich begonnen. Die Zeit wird zeigen, wie sich ihre intensiven Vorbereitungen in der unerbittlichen arktischen Realität bewähren. Pläne bedeuten so gut wie nichts in der Arktis, kontinuierliches Planen dagegen alles. Sie haben vor allem gelernt, viel Flexibilität und Kreativität mitzubringen, denn eines ist sicher: Unvorhergesehene Sachen werden bei dieser außergewöhnlichen Expedition auf jeden Fall passieren - mehr als bei üblichen Forschungsreisen.

Brände mit verbundenen Augen löschen und in dichtem Rauch entlang von Fluchtwegen nach draußen finden: Die Vorbereitungen werden zum Stresstest und stellen die Teilnehmerinnen und Teilnehmer auf die Probe. Viele hatten nie zuvor einen Löschschlauch in der Hand. Doch nur so sind sie auf den Ernstfall vorbereitet.

Die Expedition führt ins Reich der Eisbären. Obwohl der Kontakt zu den Raubtieren durch ein vielschichtiges Sicherheitskonzept möglichst vermieden werden soll, wird auf der Eisscholle in jeder Gruppe immer jemand eine scharfe Waffe bei sich haben müssen. Auf einem Schießstand üben die Teilnehmerinnen und Teilnehmer, wie man unter Stress und in der Finsternis mit dem Gewehr umgeht. Doch vor allem lernen sie, wie sie sich verhalten müssen, damit die Waffe möglichst nie zum Einsatz kommt.

1
3

Etwa auf halber Strecke zwischen Norwegen und dem Nordpol erstreckt sich mitten im Arktischen Ozean das Archipel Spitzbergen. Auf der Hauptinsel liegt das Forschungsdorf Ny-Ålesund, eine der nördlichsten Siedlungen der Welt. Mehrere Nationen erforschen von hier aus die Arktis. Das macht diesen Ort zum idealen Testgelände für die MOSAiC-Expedition.

Einst haben Bergarbeiter in Ny-Ålesund Steinkohle ans Tageslicht geholt, heute erforschen hier jedes Jahr Wissenschaftlerinnen und Wissenschaftler aus der ganzen Welt, wie sich die Arktis durch den Klimawandel verändert. Einige Dutzende bleiben auch im Winter in den Stationen. Keine Straße führt hierher – der Ort ist nur mit Flugzeug, Schiff oder Schneemobil erreichbar.

Die Wissenschaftlerin Anja Sommerfeld bereitet den Start einer Radiosonde vor. Damit lassen sich meteorologische Werte wie Temperatur, Luftdruck und Wind in der Atmosphäre messen. Während des Fluges sendet die Sonde Daten an die Station. Seit 1993 lassen die Wissenschaftlerinnen und Wissenschaftler in Ny-Ålesund jeden Tag um Punkt zwölf Uhr mittags einen Wetterballon steigen und blicken dadurch auf eine wertvolle Datenreihe zurück. Für das Gebiet nahe dem Nordpol gibt es dagegen bisher kaum vergleichbare Messungen.

AWIPEV
L8

Anprobe unter Extrembedingungen. Bei minus 1,8 Grad Celsius Wassertemperatur und minus 29 Grad Lufttemperatur lernen die zukünftigen Expeditionsteilnehmerinnen und -teilnehmer, wie sie im Wasser überleben. Da die Forschungsarbeiten teilweise direkt an der Eiskante stattfinden, lässt sich nicht ausschließen, dass jemand während der Expedition ins Wasser fällt. Die Standardkleidung auf dem Eis ist daher ein Overall mit Auftrieb.

Folgende Doppelseite: Logistik-Expertin Verena Mohaupt führt Tests mit dem auffälligsten Forschungsballon der Expedition durch. Wegen seiner Form und Farbe wird der Ballon von den Teilnehmerinnen und Teilnehmern liebevoll Miss Piggy genannt.

„Das Training in Ny-Ålesund war eine gute Gelegenheit für alle Teilnehmerinnen und Teilnehmer, eng zusammenzuarbeiten – denn genau das macht die MOSAiC-Expedition so besonders. Sie ist eine einzigartige, große Teamarbeit."

Verena Mohaupt,
Logistikexpertin

„Als ich Anfang der 1990er-Jahre zum ersten Mal nach Spitzbergen kam, war der Kongsfjord im März und im April noch eine Landschaft aus Eis und Schnee. Wir sind in diesen Jahren oft mit Skiern oder Schneemobilen auf dem Eis unterwegs gewesen. Wenn ich heute zur selben Jahreszeit an diesen Ort komme, stehe ich vor offenem Wasser. Wo wir früher Skitouren gemacht haben, fahren wir jetzt mit Booten. Es gibt nur wenige Orte auf der Welt, an denen der Klimawandel so sichtbar ist."

Markus Rex,
Leiter der Expedition

IPEV 2

Wie überlebt man, wenn das Schiff evakuiert werden muss? Dieser Extremübung stellten sich die Kapitäne und einige Offiziere. Ihre erste Aufgabe: auf einer Rettungsinsel ausgesetzt die Küste erreichen. Die zweite: überleben, bis Hilfe kommt. Doch niemand weiß, wie lange das wirklich dauert.

In der kargen Fjordlandschaft überstehen die Teilnehmerinnen und Teilnehmer die Übung nur in Teamarbeit. Alle müssen sich aufeinander verlassen können. Trinkwasser haben sie nicht dabei und suchen deshalb in der Gegend sauberes Eis, das sie später im Camp schmelzen. Zu essen gibt es Survivalkekse aus Mehl, Öl und Zucker. Sie schmecken genau so, wie man es sich vorstellt (links unten).

Vierzehn Gestrandete müssen sich fünf Schlafsäcke teilen. Geschlafen wird in Schichten von jeweils vier Stunden. Während die erste Gruppe schläft, hält die zweite Ausschau nach Eisbären und die dritte übernimmt anstehende Aufgaben im Camp. Manchmal bleibt dann sogar noch etwas Zeit, um ein Buch zu lesen (links oben).

Leinen los

Aufbruch ins arktische Eis

SWL 25 t 4-25m

Auf der Brücke der Polarstern beginnt am Abend des 4. Oktober 2019 einer der spannendsten Momente der gesamten Expedition: Nach nur wenigen Tagen haben die Wissenschaftlerinnen und Wissenschaftler eine Eisscholle gefunden, auf der sie ihr Forschungscamp für die einjährige Drift durch das Nordpolarmeer aufbauen wollen. Während der Ankunft verfolgen Expeditionsleiter Markus Rex (rechts) und Co-Fahrtleiter Marcel Nicolaus konzentriert die genaue Position auf dem Radar. Das Schiff muss jetzt weit genug in den stabilen Teil der Scholle brechen, ohne sie dabei zu zerstören.

„Das Meereis, das wir hier aussuchen und das sich hier weiter bildet, wird die Basis der gesamten MOSAiC-Expedition sein. Wir werden das Eis und seine Veränderungen detailliert untersuchen. Diese Scholle wird den Großteil der wissenschaftlichen Geschichte von MOSAiC schreiben."

Marcel Nicolaus,
Co-Fahrtleiter der Expedition

G

Graue Wolken verhüllen das norwegische Tromsø am Nachmittag des 20. September 2019. Es regnet noch einmal im Fjord, als die ersten Teilnehmerinnen und Teilnehmer der MOSAiC-Expedition die Polarstern über die schmale Gangway betreten. Bald schon, wenn die arktischen Niederschläge sie nur noch gefroren erreichen, werden sie fast vergessen haben, wie sich Regentropfen anfühlen.

Der 20. September ist in der Seefahrt ein historisches Datum, denn auf den Tag genau 500 Jahre zuvor startete Ferdinand Magellan seine Weltumsegelung. Oben an Deck bildet sich eine Menschentraube, als ein Matrose die Pässe entgegennimmt. Was eigentlich Routine ist, wirkt wie ein Tausch auf Zeit. Den festen Boden unter den Füßen ersetzen die Expeditionsteilnehmerinnen und -teilnehmer durch ein Leben auf dem Schiff. Anstelle ihrer Familien rücken nun Wissenschaftlerinnen und Wissenschaftler, alte und neue Kolleginnen und Kollegen aus der ganzen Welt in ihre Nähe.

Zusammen blicken sie zurück auf den Hafen. Ein Publikum aus Politik, Wissenschaft und Presse hat sich am Pier 25 versammelt, um das Schiff auf die Reise zu schicken. Die Verabschiedung wird gebührend gefeiert, mit vielen Reden, Musik und Umarmungen. Dann endlich, um Viertel vor neun abends: Aufbruch. Das Horn der Polarstern ertönt drei Mal lang. Eine besondere Stimmung liegt über diesem Moment, dem sich viele aus dem Forscherteam, teils bereits jahrelang, entgegengesehnt und auf den sie sich akribisch vorbereitet haben. In der Menschenmenge an Land werden Taschentücher gezückt, um dem Schiff und seiner Besatzung nachzuwinken, das nach dem Ablegen in der Dunkelheit des Fjords verschwindet.

An Deck legt sich die Stille des Ozeans langsam wie ein Mantel über die letzten Rufe vom Land. Die Expedition hat begonnen. Manche an Bord waren nie zuvor in der Arktis, andere blicken auf Jahrzehnte im Zeichen der Polarforschung zurück. Doch so gut wie alle sind sich einig: Dies wird die Expedition ihres Lebens.

Genau zwei Wochen später breitet sich eine angespannte Stille auf der Brücke der Polarstern aus. Neben Kapitän, Fahrtleiter und Offizieren haben sich viele neugierige Teilnehmerinnen und Teilnehmer versammelt und drängen sich an die Fenster. Ihre Gesichter lassen sich in der Dunkelheit kaum erkennen. Auf der Brücke geben nur ein paar Lampen schwaches Rotlicht ab. Das kurzwellige Licht erlaubt ihren Augen, sich auf das Wesentliche zu fokussieren: Draußen erleuchten drei Scheinwerfer die Weite des arktischen Meereises. Die nächsten Minuten werden entscheidend sein für den weiteren Verlauf der Expedition.

Eine gefühlte Ewigkeit liegt zu diesem Zeitpunkt bereits die erste Nacht an Bord zurück, in der das Schiff die letzten Fjorde hinter sich ließ und nach der die Teilnehmerinnen und Teilnehmer an Tag eins der Expedition nur vom Meer umringt erwachten. Noch ein letztes Mal zeigte sich ihnen am norwegischen Nordkap ein Stück Land auf dem Weg in die Barentssee, über der Polarlichter tanzten. Auf seiner Fahrt navigierte das Schiff durch sechs Zeitzonen in Richtung Nordost. Sie führte die Polarstern durch die Karasee, vorbei an den russischen Inselgruppen Nowaja Semlja und Sewernaja Semlja mit Kurs auf das arktische Meereis, dessen erste Ausläufer sie nach einer knappen Woche erreichte. Von da an begann ein Wettlauf gegen die Zeit, denn die Sonne zog sich immer weiter zurück. Noch vor Einbruch der Polarnacht mussten sie eine Scholle für ihre Mission finden. Unermüdlich suchten sie mit Satellitenbildern, Helikoptern und ersten Erkundungsmissionen zu Fuß nach einem für ihre Expedition geeigneten Stück Eis. Hier traf die Polarstern schließlich auch wieder mit dem russischen Begleitschiff Akademik Fedorov zusammen, das Tromsø einen Tag später verlassen hatte und nun die Suche unterstützte.

Auf der Brücke der Polarstern ist der entscheidende Moment nun gekommen. Immer lauter kracht es, als das Schiff langsam das Eis bricht, bis es schließlich eine etwa 2,5 mal 3,5 Kilometer große Scholle mit einem ungewöhnlich stabilen Bereich im Zentrum erreicht. Nach einer kurzen, aber intensiven Suche steht fest: Dies soll der Startpunkt für die Eisdrift werden. Vorsichtig fährt der Eisbrecher in die Scholle hinein. Nun darf nichts schiefgehen, denn

Um halb zehn abends erreicht die Expedition nach einem erfolgreichen Anlegemanöver ihr Ziel bei 85 Grad Nord und 134 Grad Ost. Von nun an stehen die Maschinen im Leerlauf, doch auf der Brücke geht der Wachbetrieb während der gesamten Drift weiter. Der Erste Offizier Felix Lauber beginnt um Mitternacht seine Schicht. Im Logbuch notieren er und seine Kollegen die zurückgelegte Strecke von nun an in Driftmeilen und nicht mehr in Seemeilen.

trotz des festen Kerns ist das Eis an vielen Stellen zerbrechlich. Es wirkt beinahe so, als grabe man sich den Boden unter den Füßen weg. Ein falsches Manöver könnte die neue Heimat der Expeditionsteilnehmerinnen und -teilnehmer unwiederbringlich zerstören. Gleichzeitig muss der Eisbrecher möglichst nah an die stabile Stelle kommen, denn nur hier gibt es eine realistische Chance, das Forschungscamp aufzubauen. Um halb zehn abends erreichen sie ihr Ziel, die Maschinen gehen in den Leerlauf. Ins Logbuch trägt der Kapitän die Koordinaten 85°04.582′ Nord und 134°25.769′ Ost ein. Doch die Position ist vergänglich und wird schon morgen eine andere sein. Wo sich die Heimatbasis der Expedition befindet, bestimmt von nun an allein die Bewegung des arktischen Meereises.

Schon wenige Tage vorher kommt es zu einem Wiedersehen der beiden Forschungsschiffe Polarstern und Akademik Fedorov in der zentralen Arktis. In einem gut koordinierten Manöver bringen die beiden Kapitäne ihre Schiffe direkt nebeneinander zum Stehen. So können mit einem Kran Personen und Fracht wechseln. Auf der Polarstern tauschen sich Wissenschaftlerinnen und Wissenschaftler beider Schiffe über die bisherigen Ergebnisse der Schollensuche aus.

Folgende Doppelseiten: In diesen Tagen nähern sich auch zwei Eisbären neugierig den beiden Schiffen. Die Bärenmutter und ihr Jungtier scheinen in guter Verfassung zu sein.

ФЕДОРОВ

АКАДЕМИК ФЕДОРОВ

Bjela König begleitet die Expedition als Sicherheitsexpertin. Über ein Jahr lang hat sie alle Szenarien durchdacht, die im Nordpolarmeer zur Gefahr werden könnten, und Gegenstrategien entwickelt. Viele Gefahren ergeben sich aus den Wetterbedingungen. Unvermittelt kann Nebel aufziehen und die Orientierung auf dem Eis erschweren. Auf ungeschützten Hautflächen kann es innerhalb weniger Minuten zu Erfrierungen kommen. Jederzeit und überall auf dem Eis müssen die Teilnehmerinnen und Teilnehmer außerdem mit Eisbären rechnen. Nun wird sich zeigen, wie sich die Sicherheitskonzepte in der Praxis bewähren.

„Es ist nicht die perfekte, aber die beste Scholle in diesem Bereich der Arktis, und sie bietet bessere Bedingungen als wir nach einem warmen arktischen Sommer erwarten konnten." **Expeditionsleiter Markus Rex**

Bereits seit dem 28. September setzen erste Teams von der Polarstern aus mit einem Kran auf die Eisscholle über, die nach einer Satellitendatenanalyse schon länger als Favorit gilt. Die genaue Beschaffenheit des Eises an dieser Stelle können sie erst verstehen, als sie mehrere Tage und Nächte lang und begleitet von Eisbärwachen die Scholle mit einem elektromagnetischen Sensor kartieren und immer wieder Eisproben nehmen (rechts oben). Ihre Erkundungen werden von der Brücke aus koordiniert und mit Infrarotkameras überwacht.

Die Erfindung der Eisdrift

Fridtjof Nansen und die norwegische Polarexpedition

Für Fridtjof Nansen begann der April 1895 mit einer Einsicht, die ihm wohl das Leben rettete. Weit entfernt von der Heimat überwand der Norweger sich in diesen Tagen dazu, sein ehrgeiziges Ziel, als erster Mensch den Nordpol zu erreichen, abzubrechen. Eingeschlossen im Packeis war er zusammen mit zwölf Gefährten auf dem Expeditionsschiff Fram fast zwei Jahre durch das Nordpolarmeer gedriftet, hatte den Nordpol aber um Hunderte Kilometer verfehlt. Um sein Ziel dennoch zu erreichen, hatte er zusammen mit Hjalmar Johansen wenige Wochen zuvor sein Schiff verlassen, um die letzten Breitengrade auf Schlitten und Schneeschuhen zurückzulegen. Doch endlose Ketten von hohen, zusammengeschobenen Presseisrücken zwangen die beiden immer wieder, ihre Schlitten zu tragen. Sie kamen kaum mehr voran, jeder Kilometer war eine Qual. Auf den Eisblöcken lag so wenig Schnee, dass auch die Schneeschuhe nutzlos wurden. Weiß in Weiß war die Sicht so schlecht, dass die beiden Männer Unebenheiten und Spalten im Eis kaum erkannten. Schließlich erreichte ihre Verzweiflung den Höhepunkt. Ihr Leben war ihnen mehr wert als der Nordpol – sie kehrten um.

Trotz dieses Rückschlags ging die Driftexpedition der Fram später in die Geschichte der Polarforschung ein wie kaum ein anderes Unterfangen. Wie es zu dieser waghalsigen Expedition kam und wie sie endete, hielt Nansen später in seinem ausführlichen Reisebericht *In Nacht und Eis* fest.

Demnach hatte er die Idee, während er im Herbst 1884 zufällig einen verblüffenden Artikel des norwegischen Wissenschaftlers Henrik Mohn las: An der Westküste Grönlands seien angeblich ein paar Gegenstände gefunden worden, die zweifellos zu dem amerikanischen Marineschiff Jeannette gehörten, das drei Jahre zuvor während einer Arktisexpedition vor der sibirischen Küste gesunken war. Doch wie waren die Überbleibsel bis nach Grönland gekommen? Dieser Fund ließe sich, so Mohn, nur mit der Theorie der Transpolardrift erklären: Wind und Meeresströmungen, so seine Annahme, schöben das Eis langsam von Sibirien nach Grönland, vorbei am Nordpol. Der galt so gut wie unerreichbar, da das Packeis für alle Schiffe dieser Zeit eine unüberwindbare Grenze darstellte. Und für eine Expedition auf Skiern fehlte es an einer nahegelegenen Ausgangsbasis, zu weit entfernt waren die arktischen Küsten.

Nansen sah seine Chance gekommen: Was mit Treibgut funktionierte, müsste auch einer Expedition möglich sein, wenn sie ein eigens dafür konstruiertes Schiff verwenden würde. Das stellte er sich so klein und stark wie möglich vor, gerade groß genug für eine Besatzung von einem Dutzend Seeleuten und Ausrüstung für fünf Jahre. Und so bekam die Fram, anders als bisherige Expeditionsschiffe, einen abgerundeten Rumpf, um den Kräften des Eises kaum Angriffsfläche zu bieten. Statt in den Eismassen zerdrückt zu werden, müsste der Eisdruck die Fram in die Höhe schieben. Den Zeitgenossen mochte dieses Konstrukt merkwürdig erschienen sein, das so manche Regel der Schiffsbaukunst ignorierte. In damaligen Fachkreisen war Nansens Plan größtenteils als tollkühn verrufen, doch die Begeisterung überwog. Zu reizvoll war die Vorstellung von der norwegischen als erster Flagge am Nordpol. So kamen, auch dank der öffentlichen Aufmerksamkeit, beträchtliche Summen zur Finanzierung und reichlich Bewerbungen erfahrener Seeleute zusammen. Dabei war völlig ungewiss, ob die Teilnehmer jemals lebend zurückkehren würden.

Am Mittsommertag 1893 war es schließlich soweit: Es hieß Abschied nehmen. In Kristiania, wie die norwegische Hauptstadt Oslo damals genannt wurde, strömten Menschen an die Kais und schwenkten jubelnd ihre Hüte und Taschentücher. Später notierte Nansen, der Blick durch das Fernrohr zurück auf seine Heimat sei der schwerste Augenblick der ganzen Fahrt gewesen. Dabei sollten in den nächsten Monaten und Jahren unfassbare Strapazen auf ihn und seine Crew zukommen. Nach einer Reise entlang der norwegischen und russischen Küsten erreichten sie am 20. September schließlich die Eiskante bei 78 Grad nördlicher Breite. Was vier Tage später passierte, beschrieb Nansen in seinem Reisebericht:

Morgens Nebel, der im Laufe des Tages aufklart. Wir entdecken dabei, daß wir auf allen Seiten von ziemlich dickem Eise dicht umgeben sind. Zwischen den Schollen liegt Schlammeis, das bald ganz fest sein wird. Nordwärts ist ein offener Teich, der aber nicht groß ist. Von der Tonne aus können wir mit dem Fernrohr noch das Meer jenseits des Eises im Süden erkennen. Es scheint, als ob wir im Begriffe sind, eingeschlossen zu werden; nun, wir müssen selbst das Eis willkommen heißen.

Die Polarnacht rückte näher und in den folgenden Tagen baute Nansen mit seinen Leuten die Fram in ein Winterquartier um. Dieser Winter sollte fast drei Jahre dauern. Die Kraft des Eises ließ das Schiff unter lautem Getöse erzittern. Nansen war begeistert, denn die Fram verhielt sich genau so, wie er es sich vorgestellt hatte: Sie wurde vom Eis hochgehoben. Penibel notierte er seine Beobachtungen und erkannte etwa, dass der Eisdruck bei Vollmond und bei Neumond besonders stark war. Im Laufe des Winters kippte die anfängliche Euphorie jedoch in Frustration um, denn die Drift brachte sie kaum weiter nordwärts: Jedes Mal, wenn sie ein kleines Stück nach Norden gedriftet waren, folgte kurz darauf ein Rückschlag. So schrieb Nansen am 18. Februar 1894:

Wir sind jetzt auf 80 Grad nördlicher Breite, im September waren wir auf 79 Grad; das ist etwa – sage und schreibe – ein Grad in fünf Monaten. Wenn wir mit derselben Geschwindigkeit weiter gehen, werden wir in 45 oder vielleicht 50 Monaten am Pol, und in 90 oder 100 Monaten auf 80 Grad nördlicher Breite auf der anderen Seite des Pols sein, vermuthlich mit der Aussicht, daß wir in weiteren ein bis zwei Monaten aus dem Eise heraus und nach Hause gelangen. Im besten Falle werden wir, wenn es so wie jetzt weiter geht, in acht Jahren wieder zu Hause sein!

Je weniger sie nach Norden drifteten, desto ernster wurden die Gesichter seiner Crew. Nansen wurde von Tag zu Tag klarer, dass sie, wenn überhaupt, den Nordpol nur noch mit Schlitten würden erreichen können. Schließlich verkündete er am 16. November 1894, nach einem Spaziergang auf Schneeschuhen im Mondlicht, seinen Entschluss, im Frühjahr aufzubrechen. Für Nansen und seine Leute bedeutete die Vorbereitung auf diese Teilexpedition eine langersehnte Wende. Sie berechneten, was sie bräuchten, um die 780 Kilometer bis zum Nordpol zu überwinden: zwei Männer, 28 Hunde, 1050 Kilogramm Proviant. Wenn er seinen Blick über die Karte wandern ließ, überlief Nansen ein kalter Schauer.

Die ersten beiden Anläufe mussten Nansen und Johansen nach kurzer Zeit abbrechen und zum sicheren Schiff zurückkehren, da ihre Schlitten beschädigt waren. Doch am 14. März 1895 hieß es, begleitet von Kanonendonnern, auf lange Zeit Abschied zu nehmen. Ihre Expedition begann bei etwa 84 Grad nördlicher Breite und führte sie zunächst noch bei gutem Wetter über ebene Formationen, nur ab und zu ragte ein Eisrücken aus der Fläche empor. Das sollte sich jedoch schon wenige Tage später ändern. Am 6. April 1895 notierte Nansen:

Das Eis wurde immer schlimmer. Gestern brachte es mich fast zur Verzweiflung, und als wir heute Morgen Halt machten, war ich beinahe entschlossen, wieder umzukehren. Ich will jedoch noch einen Tag weiter gehen, um zu sehen, ob das Eis nach Norden hin wirklich so schlecht ist, wie es von dem 10 Meter hohen Eisrücken aus, hinter dem wir lagen, aussieht. Gestern haben wir kaum einige Kilometer zurückgelegt. Rinnen, Ketten und raues Eis; es sieht aus wie eine endlose Moräne von Eisblöcken; und dabei das unaufhörliche Heben der Schlitten über jede Unebenheit hinweg; es genügte, Riesen zu ermüden. Seltsam ist dieses aufgebrochene Eis; zum größten Theile ist es nicht sehr massiv, sondern sieht aus, als ob es in neuerer Zeit in die Höhe gedrängt worden sei, da es nur theilweise mit dünnem losem Schnee bedeckt ist, in den man plötzlich bis zum Leibe einsinkt. Und so dehnt sich das Eis meilenweit nach Norden aus.

Zwei Tage später gaben Nansen und Johansen schließlich auf. Ihr neues Ziel war nun der Süden. Da sie nicht wussten, wohin die Fram inzwischen gedriftet war, wollten sie die Inselgruppe Franz-Josef-Land erreichen. Zunächst kamen sie deutlich besser voran als in den Wochen zuvor, doch mit der Zeit machten ihnen die vielen kleinen und großen Rinnen zu schaffen, die sich durch das Eis zogen. Außerdem begann das Futter für ihre Schlittenhunde auszugehen, sodass sie gezwungen waren, einige von ihnen zu töten. Je weiter sie nach Süden kamen, desto häufiger stießen sie auf Tiere wie Robben, Wale oder Seevögel, und die Hoffnung stieg, bald Land zu erreichen. Gut zwei Jahre nachdem sie mit der Fram in See gestochen waren, war es so weit. Am 24. Juli 1895 schrieb Nansen:

Endlich hat das Wunder sich ereignet. Land, Land, nachdem wir unsern Glauben daran schon beinahe aufgegeben hatten! Nach fast zwei Jahren sehen wir wieder über der nie endende weiße Linie dort

am Horizont etwas aufsteigen. Diese weiße Linie hat sich seit vielen Jahrtausenden über dieses einsame Meer ausgedehnt und wird sich in künftigen Jahrtausenden ebenso darüber ausdehnen. Wir verlassen das Eis und lassen keine Spur hinter uns zurück; denn die Fährte unserer kleinen Karawane über die endlosen Ebenen ist längst verschwunden. Ein neues Leben beginnt für uns, während das Eis immer dasselbe bleibt. Wie lange hat es in unseren Träumen gespukt, dieses Land, und nun kommt es wie eine Vision, wie ein Feenland! Schneeweiß wölbt es sich über dem Horizont wie ferne Wolken, von denen man fürchtet, daß sie im nächsten Augenblick verschwinden könnten.

Obwohl sie nun wieder festen Boden unter den Füßen hatten, waren Nansen und Johansen noch lange nicht am Ziel. Auf dem Archipel schlugen sie ein primitives Winterquartier auf, kaum mehr als eine Höhle im Eis, die ihnen etwas Schutz vor der Witterung bot. Sie fanden genug Tiere zum Jagen, doch die endlos scheinende Zeit war nun ihr größter Feind. Manchmal schliefen sie nicht weniger als zwanzig Stunden am Tag, um möglichst wenig vom Winter mitzubekommen. Woche um Woche verging, Monat um Monat, bis sie schließlich im Mai 1896 wieder aufbrachen und es im Juni zu einer der wohl seltsamsten Begegnungen in der Weltgeschichte kam. Zunächst glaubte Nansen, eine Stimme zu hören, dann sah er zwischen den Hügeln einen Hund und wenig später eine dunkle Gestalt. Er meinte, dass die Gestalt Englisch mit dem Hund sprach, er glaubte sogar, sie schon einmal gesehen zu haben. In der Tat: Es war der britische Polarforscher Frederick George Jackson, der seit ein paar Jahren dabei war, Franz-Josef-Land zu vermessen. So standen sie sich gegenüber: auf der einen Seite Jackson in einem karierten Anzug und nach Parfüm duftend, auf der anderen Seite Nansen, in Lumpen gekleidet und mit einem Angesicht, das unter der Patina des vergangenen Winters wohl kaum mehr an das eines Menschen erinnerte. Jackson war begeistert, Nansen zu sehen, der längst als verschollen galt.

Mit Jacksons Hilfe liefen die beiden am 13. August 1896 im nordnorwegischen Hafen von Vardø ein. Dort steuerte Nansen noch am selben Tag die örtliche Post an und legte ein großes Bündel Telegramme auf den Tisch, die er so schnell wie möglich abgeschickt haben wollte. Noch bevor Nansen und Johansen auf ihre Gefährten der Fram stießen, die inzwischen aus dem Eis ausgebrochen waren, erfuhr die Welt an diesem Tag, dass zwei Mitglieder der norwegischen Polarexpedition wohlauf zurückgekehrt und trotz des verfehlten Ziels mit dem Überschreiten des 86. Breitengrades so weit in den Norden gelangt waren, wie nie ein Mensch zuvor.

Die Drift

Vom Aufbau des nördlichsten Forschungscamps

POLARSTERN

Neue Welt, neue Heimat, neues Forschungsobjekt: All das ist die Eisscholle für die Expedition. Verantwortungsvolle Forschung bedeutet stets, mit Rücksicht vorzugehen. Doch wer vorhat, ein volles Jahr im brüchigen arktischen Meereis zu bleiben, lässt besondere Vorsicht walten. Die ersten Schritte auf der MOSAiC-Scholle dienen dazu, sich im arktischen Weiß zu orientieren. Kapitän Stefan Schwarze legt mit einer neongrünen Fahne einen der ersten Grundsteine für die Besiedelung der Eislandschaft, und die Forscherinnen und Forscher beginnen, sich auf der MOSAiC-Scholle einzurichten. Obschon sie das Schiff ins Eis einfrieren lassen und die natürliche Bewegung der Eisdrift nutzen werden, müssen Eisanker ausgebracht werden. Winde und Strömungen werden während der Drift am Rumpf der Polarstern zerren und könnten sie sonst von der Scholle losreißen.

W

Wo in den vergangenen Wochen Weiß und Grau die Welt regierten, legt sich zunehmend ein eigentümlicher Schein über das Eis, den Himmel und die Polarstern. Es ist Mitte Oktober und die Polarnacht rückt unaufhörlich näher.

Die Magie des arktischen Zwielichts erschafft scheinbar unendliche Schattierungen von Blau. Es braucht einiges an Disziplin, um den Blick von dieser Umgebung im Dämmerlicht abzuwenden und zur Arbeit zurückzukehren. Doch für die Expedition sind diese Tage abermals ein kritischer Wettlauf gegen die Zeit. Das Team muss sich auf der Scholle orientieren und diese einrichten, als Forschungsstation und als Heimatbasis. Eilig müssen stabile Plätze für die wissenschaftlichen Geräte gefunden werden. Das Eiscamp muss eingerichtet sein, bevor Nacht und Winter endgültig über die Scholle hereinbrechen.

So herrscht während dieser Tage der Dämmerung Hochbetrieb auf der Scholle. Die Aufbauphase ist eine der geschäftigsten der gesamten Mission. Jede Hand, mit zunehmender Kälte immer dicker in Schutzkleidung gehüllt, wird gebraucht, alle packen überall mit an. Zwar sind auf dem Papier die Rollen innerhalb der wissenschaftlichen Disziplinen, Logistik und Schiffscrew klar verteilt, doch nun ist maximale Teamarbeit gefragt: Eisbärwächter arbeiten als Zimmerleute, Biologinnen bauen Straßen, Doktorandinnen verlegen Elektrokabel, Atmosphärenforscher beweisen sich als arktische Spediteure. Als erst einmal Routen auf der Scholle abgesteckt sind, transportieren die Teilnehmerinnen und Teilnehmer mithilfe von Schneemobilen und den archaisch anmutenden, aber überaus zweckmäßigen hölzernen Nansen-Schlitten schwere Instrumente über das Eis. Auch die Bordhelikopter kommen zum Einsatz. Insbesondere die Stromversorgung mithilfe frostgeschützter, mit viel Schweiß und Kraft ausgerollter Elektrokabel ist ein logistisches Großprojekt. Und während das Eis weiter wächst, schrumpft das Tageslicht dahin. Mehr und mehr kommen künstliche Lichtquellen zum Einsatz. Die Polarstern wird ihrem Namen gerecht und weist mit ihren drei mächtigen Frontscheinwerfern den Menschen auf der Scholle den Weg, oftmals auch zurück in die sichere Heimatstation nach Arbeiten in mehreren Hundert Metern Entfernung. Zugleich wächst die Tiefe der Schatten, die auf der lichtabgewandten Seite der Eishügel entstehen. Harte Kontraste lösen den bläulichen Zwielichtschein mehr und mehr ab.

Kopflampen erlauben den Polarforscherinnen und -forschern, die Hände beim Aufbau der Stationen und Instrumente frei zu haben. Doch diese Arbeit benötigt mal simple Muskelkraft, mal sensibles Fingerspitzengefühl. Und so gerät eine Entscheidung zunehmend zur Herausforderung: Die dicken Handschuhe anbehalten, um die Finger zu schützen, oder die Hände der eisigen Kälte aussetzen, um die Feinjustierung der Geräte vorzunehmen? Die Temperaturen liegen jetzt oftmals bereits weit unter minus 20 Grad Celsius. Wenn dann der Wind auf die nackten Hände trifft, beweist sich die Kälte als beißend, der Wind als bis zur Schmerzgrenze schneidend. Erfrierungen gehören zu den dauernden Risiken der Polarforschung.

Dennoch entsteht dank dieser Zusammenarbeit über die Grenzen von Berufen, Fachdisziplinen und Sprachen hinweg in Windeseile die wohl nördlichste Siedlung der Welt: eine kleine Forschungsstadt, durchzogen von einem Netz aus Pisten und Stromtrassen, mit Schutzhütten, Hangars und Distrikten für die jeweiligen Forschungsdisziplinen. Diese kleinen Stadtteile erhalten sogar eigene Namen: Ocean City, Balloon Town, Met City, Remote Sensing Site, ROV-Oase. Kurz: Zivilisatorische Ordnung hält Einzug auf der Scholle. Zumindest vorübergehend. Denn von Beginn an zieht diese kurzzeitige Besiedelung des arktischen Eises durch eine Gruppe Menschen die Aufmerksamkeit der wahren Bewohner dieser Region auf sich: der Eisbären. Mit ihrer Neugier, die auf sensible wissenschaftliche Geräte ebenso zerstörerisch wirken kann wie ein arktischer Sturm, drohen sie, den Aufbau des Eiscamps immer wieder gehörig durcheinanderzubringen. Umso dringender sind der Aufbau von Stolperdraht und Schreckvorrichtungen, um die Tiere auch zu ihrem eigenen Schutz davon abzuhalten, unbeobachtet ins Forschungscamp einzudringen. Signalpistolen mit zischenden, leuchtenden, in den Himmel abgefeuerten Geschossen erweisen sich als gute Abschreckmöglichkeiten gegen allzu neugierige Eisbären.

Während der Aufbauphase zieht das russische Begleitschiff Akademik Fedorov in bis zu 50 Kilometern Entfernung seine Kreise um das zentrale Forschungscamp. Die Mission der Crew: ein weitverzweigtes Netzwerk an automatischen Messstationen auf dem

Polarforschung ist oftmals ein echter Knochenjob, manchmal jedoch auch etwas für die feineren Sinne. Per Geschmackstest bestimmt Biologin Allison Fong auf der Suche nach einem geeigneten Platz für Ocean City die Beschaffenheit des Eises. Die menschliche Zunge wird zum Messinstrument und liefert zuverlässige Hinweise: Wenn das Eis kaum oder gar nicht salzig schmeckt, könnte sich an dieser Stelle in der wärmeren Jahreszeit ein Schmelztümpel befunden haben. An solchen Stellen könnte das Eis auch jetzt noch zu instabil sein, um die Forschungsstationen zu tragen.

Eis auszubringen. Mit den robusten russischen Mi-8-Helikoptern setzen sie Bojen im Ozean und auf dem Eis aus. Eine Mission, die Risiken birgt. Doch das Wetter meint es gut mit ihnen. Nur selten halten Nebel und Wind die Arbeiten auf, und mit ihrer enormen Erfahrung schließen Crew und Piloten die Mission ideal nach Zeitplan ab. Gerade, als das verteilte Netzwerk erfolgreich ausgebracht ist, legt sich die endgültige Dunkelheit der arktischen Nacht über die Expedition. Und nachdem die Akademik Fedorov zum letzten Austausch einiger Wissenschaftlerinnen und Wissenschaftler wie von Geräten und für ein letztes Lebewohl an der MOSAiC-Scholle festgemacht hat, bleibt die Polarstern nun mit hundert Menschen an Bord allein zurück, um dem beinahe unerforschten arktischen Winter zu begegnen. Die gemeinsame Drift von Meereis, Polarstern und Forschungsstationen hat begonnen.

Ist das Eis stabil genug? Akribisch muss seine Dicke geprüft werden. Julia Regnery und Rainer Graupner sind mit Bohrer und Eisdickenlot auf der Suche nach einem Platz für Ocean City: Mindestens 60 Zentimeter sollte das Eis hier haben, um die Station tragen zu können.

Driftstrecke während des ersten Expeditionsabschnitts:

200 km

Durch Zickzackkurs der Scholle tatsächlich zurückgelegte Strecke:

720 km

Geschwindigkeitsrekord Drift im Fahrtabschnitt eins (am 16. November 2019):

1,4 km/h

FXR
AWI

LARSTERN
LYNX

Etwa 600 Meter trennen die Polarstern und Met City, die am weitesten entfernte Forschungsstation und das Zentrum der Atmosphärenforschung. Die große Distanz zum Schiff macht einen Unterstand unabdingbar: eine Schutzhütte am äußersten Rand der Forschungsstadt, direkt vor den eisigen, stark verpressten Eishügeln der sogenannten Festung, dem stabilen Kernstück der MOSAiC-Scholle. Am späten Vormittag eines windigen Tages beginnt das Team mit dem Aufbau der Holzhütte, tatkräftig unterstützt von Bärenwächter Gaute Hermansen (rechts unten, auf der Leiter). Der Norweger ist ursprünglich Tischler von Beruf. Als einige aus dem Team nach einer kurzen Mittagspause von der Polarstern zurückkehren, staunen sie nicht schlecht: Die Hütte ist fertig und bietet den Menschen, die in Met City geblieben sind, endlich einen Rückzugsort vor dem eisigen Wind.

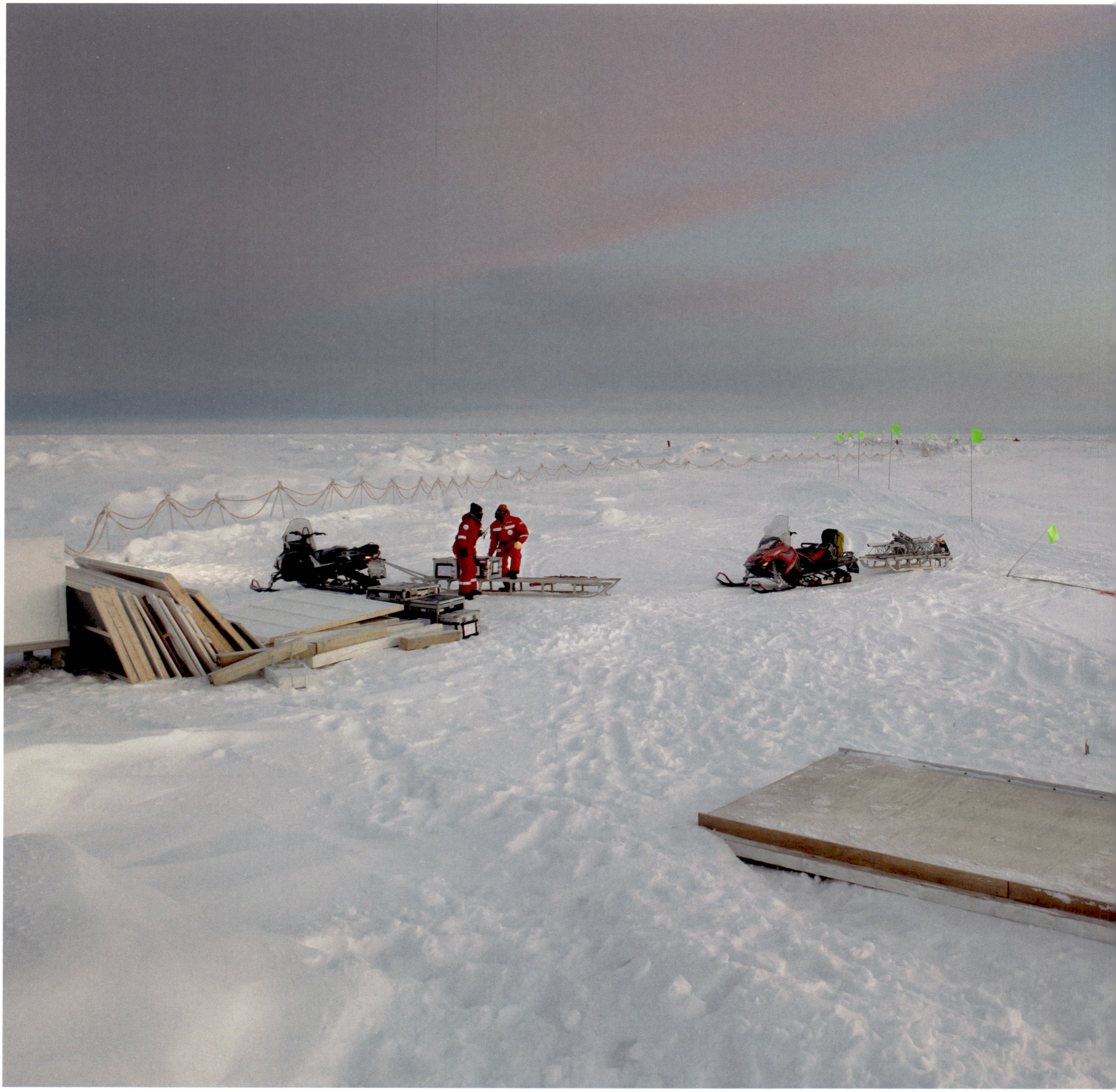

ARM
FXR

Ebenso einsam wie einladend markiert die Schutzhütte den äußersten Rand des Eiscamps. Sie ist immerhin auf ein paar Grad über null heizbar – unter arktischen Bedingungen eine fast gemütliche Zuflucht. Beinahe lässt ihr Anblick vergessen, dass sich darunter kein fester Grund befindet, sondern nur 60 bis 70 Zentimeter dickes Meereis. Auf dem benachbarten Hügel aus Eis und Schnee beobachten die Bärenwächter aufmerksam die Umgebung.

Folgende Doppelseite: Die komplizierte Installation der Messgeräte wurde von Forschern wie Matthew Shupe, Co-Koordinator der Expedition, bereits an Land mehrfach geprobt. Die Vorgehensweise muss gut durchdacht sein und die Handgriffe müssen sitzen, damit unter den erschwerten Bedingungen im Eis der Aufbau der sensiblen Instrumente gelingt.

Hemisphere

Improvisationstalent ist wertvoll auf einer Expedition. Schließlich bringen Wetter und Meereis ständige Unwägbarkeiten mit sich. Doch der Aufbau der Forschungsstationen benötigt zugleich beste Koordination und Planung. Das Team um Matthew Shupe und David Costa, beide aus den USA, bespricht die weiteren Schritte, um Met City zu errichten.

Jeder Handgriff geschieht mit Bedacht, um die wertvollen Instrumente nicht zu beschädigen. Fehler können fatal sein und die Arbeit um Stunden oder gar Tage zurückwerfen. Dank der präzisen Zusammenarbeit gelingt es dem Team, zwei Messtürme auf dem zerbrechlichen Meereis zu errichten – der eine 11, der andere 30 Meter hoch.

„Essenziell für den Erfolg der MOSAiC-Expedition ist Teamwork – über die Grenzen von Projekten, wissenschaftlichen Fachbereichen und Nationalitäten hinweg."

Matthew Shupe, Co-Koordinator der Expedition

FXR

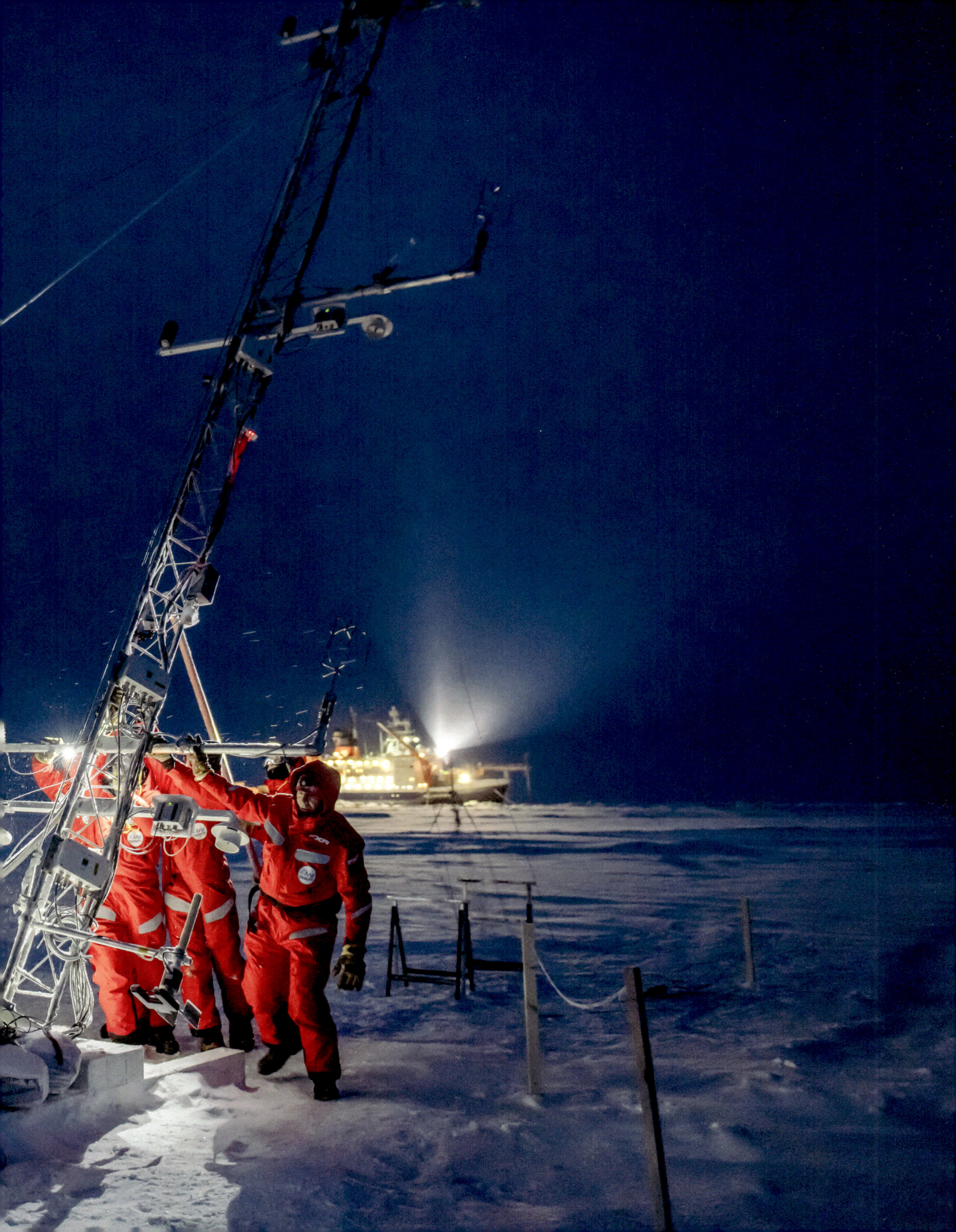

adidas
4276.15m

Nicht nur spontane Besuche von Bären stellen ein Risiko dar. Auch das dynamische, mitunter brüchige und rutschige Meereis kann gefährlich werden. Während das Camp entsteht, lässt das Sicherheitsteam deshalb die Geschehnisse auf dem Eis nicht aus den Augen. Sicherheitsexpertin Bjela König, Hans Honold (links) und Henning Kirk besprechen sich auf der Brücke vor der Infrarotkamera. Mit diesem Hilfsmittel können sie die Umgebung auch unter schwierigen Sichtbedingungen überblicken. Das Sicherheitspersonal auf der Brücke ist zudem über Funk in ständigem Kontakt mit den Bärenwächterinnen und Bärenwächtern, die das Team auf dem Eis begleiten. Bei Gefahr oder Notfällen würden sie umgehend Hilfe schicken oder die Scholle evakuieren.

Atmosphärenforschung

Die Jagd nach Winden, Wolken und Partikeln

Markant ragt die Skyline von Met City, dem Bezirk der Atmosphärenforschenden, aus der eisigen Landschaft auf. Vor allem die beiden Messtürme von 11 und 30 Metern Höhe, die mit ihren metallenen Strukturen zugleich fragil und fremdartig anmuten, ziehen den Blick auf sich – stehen sie doch während der Drift auf einer dünnen, dynamischen und unzuverlässigen Meereisschicht und nicht auf festem Grund. Trotz der ständigen Bedrohung, durch starke Winde umzustürzen, liefern die Instrumente auf diesen Türmen während der Expedition zahllose wertvolle Daten aus dem arktischen Klimasystem. Wann immer das Wetter es zulässt, steigen zudem die flugfähigen Geräte der Forscherinnen und Forscher auf in schwindelerregende Höhen. Forschungsballons in verschiedenen Farben und Formen, Drohnen, Forschungsflieger und Helikopter, dazu Messinstrumente wie Radargerät und Laserscanner, Mikrowellen- und Infrarotradiometer – das Gerätearsenal ist ebenso vielfältig wie spektakulär. Von der Oberfläche des Eises bis auf 35 Kilometer Höhe erstrecken sich somit die Messungen, rund dreimal höher als Passagierflugzeuge aufsteigen. Hier oben blicken die Forscherinnen und Forscher bis in die Ozonschicht, bereits tief in der sogenannten Stratosphäre. Diese ist die zweite Schicht der Erdatmosphäre – in der darunter liegenden, der Troposphäre, leben wir und hier spielt sich unser Wetter ab.

Das noch größere Spektakel bietet jedoch die Arktis selbst: Wenn die Winterstürme durch die Polarnacht tosen und die Drift das Meereis vorantreibt, reißt unter Krachen und Knacken das Eis auf. Sonst durch das Meereis getrennt, berühren sich plötzlich Luft und Ozean. Dann steigt in dieser kalten Region, wo man es auf dem Planeten Erde wohl zuletzt vermuten würde, Wasserdampf in die Höhe – und mit ihm große Mengen an Wärme. Zwar ist der Ozean kalt: Mit rund minus 1,5 bis minus 1,8 Grad Celsius liegt die Temperatur des marinen Salzwassers bereits weit unter dem Gefrierpunkt von Süßwasser. Doch gegen die bis zu minus 45 Grad Celsius kalte Luft des polaren Winters erscheint der Arktische Ozean wiederum beinahe einladend warm. Wie eine gigantische Fußbodenheizung, die ihre Energie aus den südlicheren Gefilden der Erde bezieht, erwärmt das Meer durch die Risse im Eis die Polarnacht.

So spektakulär der Anblick auch ist, wenn die Risse gigantische Mengen an Wärme und Feuchtigkeit aus dem Ozean entweichen lassen, so wenig fanden diese Ereignisse doch in den bisherigen Klimamodellen Beachtung. Zu gering erschien ihr Einfluss angesichts der massiven arktischen Eisdecke. Doch der Klimawandel macht solche Rissbildungen immer häufiger. Das dünnere, heute gemeinhin jüngere Eis bricht viel leichter auf als das über mehrere Jahre und Winter gewachsene dicke Eis, das für die zentrale Arktis vor den Zeiten globaler Erwärmung charakteristisch war. Welchen Einfluss haben diese gigantischen Wärmeflüsse aus dem Meerwasser, die immer häufiger die Luft erwärmen? Eine Antwort auf diese Frage zu finden gehört zu den wesentlichen Aufgaben der Forscherinnen und Forscher der MOSAiC-Expedition.

Denn aus dem Wasserdampf, der durch die Risse im Meereis entkommt, werden Wolken geboren. Und wie überall auf dem Planeten hängt der Wärmehaushalt auch dieser Region davon ab, ob und welche Wolken am Himmel erscheinen – und zwar sowohl was Abkühlung als auch was Erwärmung angeht. Gemeinhin wird ein wolkenverhangener Himmel mit wenig Sonnenschein, Niederschlag und kühlem Wetter assoziiert. Doch in Winternächten etwa beweisen Wolken auch in unseren Regionen ihre Fähigkeit, für milde Temperaturen zu sorgen: Sie halten die Wärmeenergie des Tages in der Atmosphäre gefangen – im Gegensatz zum wolkenlosen Nachthimmel, der die Wärmeenergie des Tages in die Weite des Weltalls entlässt. Ganz ähnlich kann auch in der Arktis mehr Wolkenbildung zu milderen Temperaturen führen.

Allerdings hängt es von der Art und der ‚Flughöhe' einer Wolke ab, ob diese einen kühlenden oder einen erwärmenden Effekt hat. Und auch davon, wie oft welche Wolkenart auftritt, um das arktische Klimasystem nachhaltig zu beeinflussen. Zirruswolken etwa, wegen ihres zarten Aussehens auch Federwolken genannt, entstehen bei tieferen Temperaturen. Sie tragen Eis- und Schneekristalle in sich und schweben hoch oben in der Atmosphäre. Zirren sind so fein, dass sie kaum Wärme in der Atmosphäre halten. Nassere Wolken hingegen hängen wie dicke Schwaden tiefer in der Atmosphäre. Unter ihnen wird die Luft milder. So werden unter den steigenden

Die MOSAiC-Expedition widmet sich dem arktischen Klimasystem in seiner faszinierenden Komplexität. Während der einjährigen Driftmission hat das internationale Expertenteam die Möglichkeit, das Zusammenspiel der verschiedenen Teile des Klimasystems genau zu beobachten. Die einzelnen Teams der wissenschaftlichen Schwerpunkte Atmosphäre (1), Meereis (2), Ozean (3), Ökosystem (4) und Biogeochemie (5) arbeiten dabei aufs Engste zusammen, um die Arktis umfassend zu verstehen. Ihre Daten werden es ermöglichen, die dringend benötigten verlässlicheren Vorhersagen zur Entwicklung des Klimas zu erstellen – nicht nur in der Arktis, sondern auch global. Dieser gemeinsame komplexe und vielfältige Forschungsansatz spiegelt sich im Namen der Expedition wider: MOSAiC – Multidisciplinary drifting Observatory for the Study of Arctic Climate.

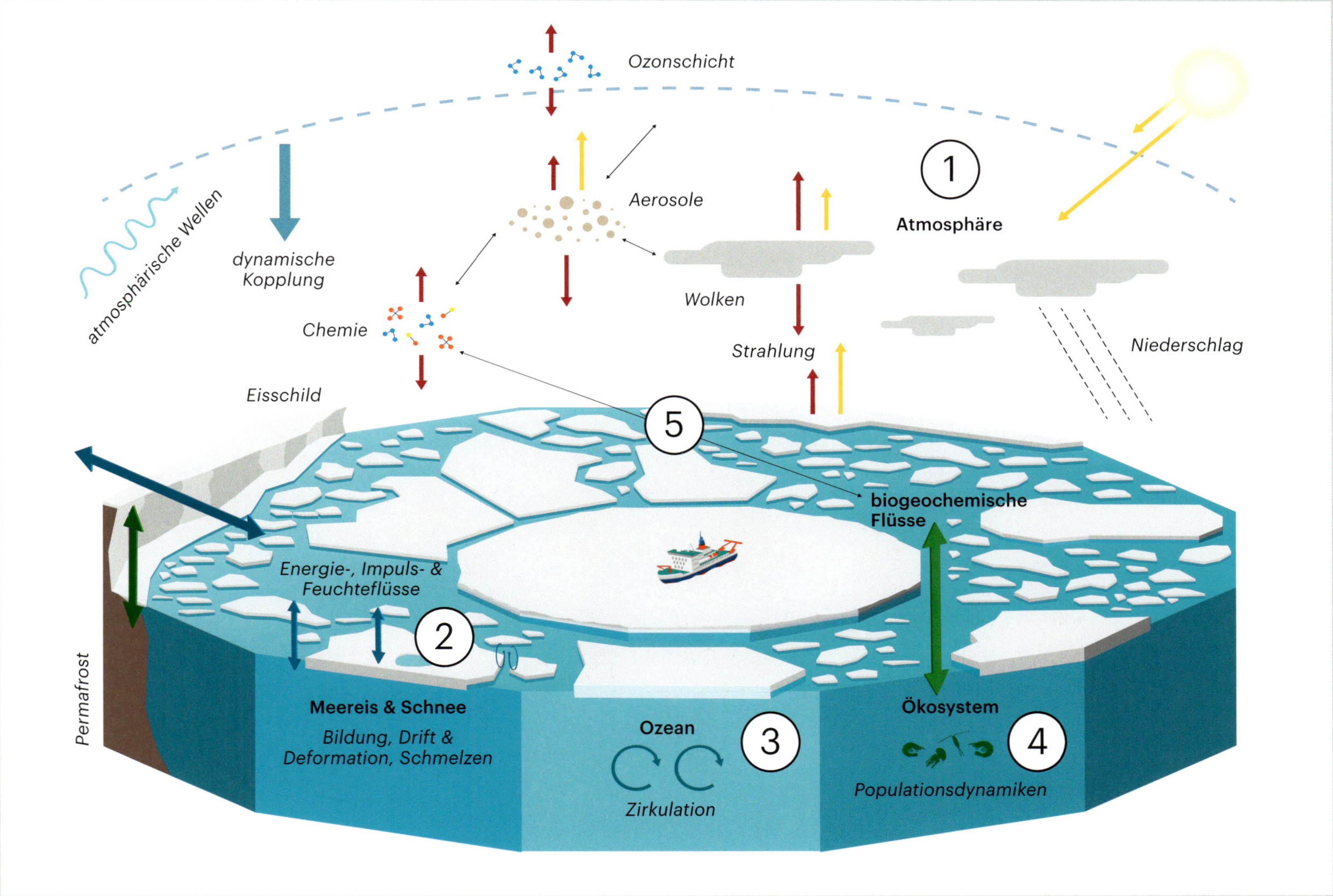

Temperaturen der globalen Erwärmung also gerade jene nasseren Wolkenarten wahrscheinlicher, die für noch wärmere Temperaturen sorgen können. Der Klimawandel treibt sich dann selbst voran.

Daher gehen die Wissenschaftlerinnen und Wissenschaftler der MOSAiC-Expedition auf Wolkenjagd. Sie richten Radargeräte und den sogenannten Lidar, ein Lasergerät, das in bester Science-Fiction-Manier einen pfeilgeraden Lichtstrahl weit in die Höhe schießt, auf den Himmel. Einmal getroffen, lässt sich mithilfe der Reflexionen von Radiowellen und Laserlicht die Zusammensetzung der Wolken analysieren. Wenn der Wind nicht allzu stark weht, steigt auch Miss Piggy, der tiefrote, pummelige Messballon, an einer langen Leine bis zu 2 Kilometer hoch in den Himmel auf, um Daten aus den Wolken nach unten zu senden. Zu den unterhaltsamsten Messvorgängen mögen für die Forschenden jene Szenen gehören, die Unbeteiligte für nette Nachmittage mit Spielzeugfluggeräten halten würden: Auf dem Eis stehend, die Fernsteuerung in Händen, jagen die Forscherinnen und Forscher flinke Drohnen Wolken und Winden hinterher, um auch auf diese Weise Kenntnisse über die Atmosphäre zu gewinnen.

Wer das Klima verstehen möchte, muss also Wolken verstehen. Doch diese sind flüchtig, und so bergen die Prozesse, die mit ihnen zusammenhängen, für die Wissenschaft noch viel Unbekanntes. In Klimamodellen zählen Wolken zu den größten Unsicherheitsfaktoren. Eine Wolkenart ist für die Forscherinnen und Forscher

Auf dem Helikopterdeck der Polarstern entlässt der arktis- und expeditionserfahrene Jürgen Graeser einen Forschungsballon in die arktische Atmosphäre.

der Expedition von besonderem Interesse: die sogenannten Mischphasenwolken. Wie der Name sagt, vereint diese Wolkenart verschiedene Eigenschaften: Sie setzt sich sowohl aus Eiskristallen zusammen als auch aus unterkühlten, jedoch flüssigen Wassertröpfchen. Und aus diesen Wolken, die auf mittlerer Höhe schweben, fällt Schnee. Wenn die arktischen Schneeflocken in Stürmen über das Meereis toben, werden die vermeintlich so zarten Flocken zu schmerzenden Geschossen, sobald sie auf ungeschützte Haut treffen. Ein aufziehender Sturm bedeutet für die Wissenschaftlerinnen und Wissenschaftler auf dem Eis den sofortigen Rückzug ins schützende Schiff, bevor wirbelnder Schnee und Eiskristalle jede Sicht nehmen. Und auch auf das arktische Klimasystem hat der gefrorene Niederschlag eine enorme Wirkung: Die Schneeschicht legt sich wie eine schützende Decke auf das Eis und isoliert so die Schollen gegen die kalte arktische Luft. Der Effekt: Der Schnee verhindert, dass weiteres Ozeanwasser gefriert. Als Wissenschaftlerinnen und Wissenschaftler während der Expedition eine Messung vornehmen, staunen sie nicht schlecht: Das Thermometer zeigt einen Unterschied von ganzen 7 Grad Celsius zwischen der Ober- und der Unterseite der Schneeschicht. Das Ergebnis ist dann wenig überraschend: Wo Schnee liegt, bleibt das Meereis dünner.

Wenn die rote Silhouette von Miss Piggy in der Atmosphäre schaukelt, ist dieser prall gefüllte Blimp jedoch auch noch auf der Jagd nach etwas anderem: Miss Piggys Sensoren suchen nach

Aerosolen, winzigen Partikeln, die in der Atmosphäre schweben. Diese Schwebeteilchen sind die Keimzellen der Wolken, erst an ihnen kann der aufsteigende Wasserdampf kondensieren. Der Tropfen, der sich um das Aerosol legt, wächst zur Wolke an. Dabei hängt es auch von der Art des Aerosols ab, welche Art von Wolke daraus entstehen kann. Wenn von kleinsten Teilchen mit größter Wirkung die Rede ist, haben also besonders Aerosole diese Beschreibung verdient: Neben einem durchschnittlich großen Aerosol ist ein menschliches Haar rund 100- bis 1000-mal dicker. Dennoch kann das menschliche Auge diese winzigen Schwebeteilchen wahrnehmen: Am Horizont nämlich bescheren sie regelmäßig farbenprächtige Momente, wenn sich an ihnen die grünen und blauen Lichtanteile brechen und der Himmel im Morgen- oder Abendrot leuchtet. Über verkehrs- und industriereichen Regionen hingegen gehört eine Aerosolschicht mittlerweile ebenfalls zum üblichen Anblick, sorgt dort allerdings – auch für die menschliche Gesundheit – für trübe Aussichten: In den städtischen Smogglocken sammeln sich die Schwebepartikel und sorgen immer öfter für Feinstaubalarm. Zwar können Aerosole natürlichen Ursprungs sein, etwa Partikel von Meersalz, das durch die Gischt versprüht wird, verwehter Wüstenstaub, Vulkanasche oder auch Blütenpollen. Doch viele Schwebepartikel in der Atmosphäre sind menschengemacht, sie entsteigen Industrieschloten, Fabrikschornsteinen und Autoauspuffen und teilen sich damit oftmals den Ursprung mit dem Treibhausgas Kohlendioxid. Ebenso speisen Waldbrände die Luft mit Aerosolen. Und auch diese sind zum größten Teil vom Menschen verursacht durch Brandrodung oder Brandstiftung, etwa um Weideland zu gewinnen oder Ackerland für Sojaplantagen, die dann vor allem die gigantischen Nutztiermassen in den Industrieländern mit Futter versorgen. Dabei freigesetzte Partikel wie Ruß sind klein genug, um das Filtersystem der menschlichen Atemwege zu passieren. Sie dringen tief in die menschlichen Lungen vor und attackieren Atemorgane und das Herz-Kreislauf-System.

Während längst feststeht, dass diese Schwebstoffe den Menschen krank machen können, sind sie als Einflussfaktoren auf das Klima noch lange nicht ausreichend erforscht. Insbesondere über die Herkunft und Zusammensetzung der Aerosole in der Arktis war bislang nicht viel bekannt. Doch schon erste Ergebnisse während der MOSAiC-Expedition zeigen: Feinstaub aus menschlichen Quellen und Waldbränden, von Winden aus Nordamerika und Sibirien hergetragen, verschmutzt auch die arktische Atmosphäre. Welche Wirkung haben solche Schwebstoffe auf die Wolkenbildung in der Arktis – und somit wiederum auf die Temperatur? Und damit nicht genug, denn der Einfluss der Aerosole auf das Klima ist noch komplexer. Die menschengemachte Luftverschmutzung kann, je nach Art der Partikel, auch ohne Wolkenbildung zur Abkühlung oder weiteren Erwärmung der Erde beitragen. Rußpartikel etwa absorbieren Sonnenlicht und heizen so die Atmosphäre in ihrer Umgebung auf. Partikel aus Schwefelverbindungen hingegen, die durch komplizierte Prozesse infolge der Verbrennung von Kohle oder Öl in die Atmosphäre geraten, reflektieren Sonnenlicht. So ist wohl ausgerechnet Smog dafür verantwortlich, dass der anthropogene Klimawandel bislang noch abgemildert auftritt – gegebenenfalls sogar um bis zu 0,5 Grad Celsius. Doch handelt es sich hierbei um eine nur vorübergehende Verschleierung der wahren Ausmaße des Klimawandels. Denn dieser Kühlungseffekt würde sich wohl erledigen, wenn der Menschheit der letztlich unumgängliche Schritt gelänge, die Verbrennung fossiler Rohstoffe herunterzufahren, um die Emissionen von Treibhausgasen zu verringern, oder durch Rauchgasreinigung von Kraftwerken auch die Luftqualität in Asien zu verbessern, so wie es in Europa schon weitgehend gelungen ist.

Allerdings stammen selbst in der Arktis, wo weder Pollen noch Waldbrände als ‚heimische' Quellen infrage kommen, nicht alle Aerosole aus menschengemachten Quellen. Sogar in dieser Region gibt es Pflanzen, die eine Substanz in die arktische Luft abgeben, aus denen sich wiederum Aerosole bilden. Der Name dieser Substanz lautet Dimethylsulfid, ein Gas, das entsteht, wenn beim Stoffwechsel von Algen und anderen Mikroorganismen eine Schwefelverbindung entsteht und diese wiederum von Bakterien weiterarbeitet wird. Den einzigartigen Geruch von Dimethylsulfid kennt jeder, der schon mal Strandurlaub gemacht hat: Das Gas wird mit der Gischt in die Luft gewirbelt und steigt als Duft des Meeres in die Nase. Doch werden hieraus letztlich auch Wolken? Und falls ja: Wolken welcher Art? Produzieren die Mikroalgen der Meere, das Phytoplankton, nicht nur 50 Prozent des Sauerstoffs, den wir atmen, sondern beteiligen sie sich über ihr Ausscheidungsprodukt auch an unserem Wetter und Klima? Diese zentralen Fragen zu beantworten ist ein wichtiger Teil der gemeinsamen Arbeit von Atmosphärenforschung und Biogeochemie vor Ort. Denn der komplexe Code des Klimasystems ist nur in Teamleistung zu entschlüsseln.

Ob

Das servatorium

Aufzeichnungen aus dem Eis

FXR
AWI

FXR
FXR
AWI

FXR
AWI

Die Wissenschaftlerinnen und Wissenschaftler entnehmen der Scholle Eis auf unterschiedliche Weisen und in verschiedenen Formen, etwa als Eisbohrkern für Proben, aber auch, um wissenschaftliche Instrumente zu installieren. Allison Fong, Biologin und Leiterin des Teams Ökosystem, hat einen großen Block aus der Scholle gesägt, um die sogenannte FishCam zu Wasser zu lassen, die in 250 bis 350 Metern Tiefe Aufnahmen von der arktischen Fischwelt macht – und gelegentlich auch von anderen Tieren. Während der Expedition liefert die FishCam Bilder der Meeresbewohner, doch muss das Team sie, wie viele andere Geräte, zwischendurch vor der Rissbildung im Eis retten, damit sie nicht dem Ozean zum Opfer fällt.

Forschungsteams der Expedition:

- Atmosphäre
- Meereis
- Ozean
- Ökosystem
- Biogeochemie

Das Eiscamp ist in verschiedene Distrikte aufgeteilt. Dazu gehören:

- Met City
- Balloon Town
- ROV-Oase
- Ocean City
- Remote Sensing Site
- Fort Ridge
- Dark Sector

Schon das bloße Niederschreiben von Notizen wird zur Herausforderung an windigen Tagen wie diesem, als Wissenschaftler Michael Angelopoulos auf dem Eis zum Stift greift. Zwar herrschen ‚nur' etwa minus 17 Grad Celsius, doch Böen mit über 15 Metern pro Sekunde fegen über das Eis. Das Team ist dennoch mit Hingabe bei der Arbeit. Nur an wenigen Tagen tobt das arktische Wetter so sehr auf dem Eis, dass niemand das Schiff verlassen kann. Sonst wagen sich die Frauen und Männer auch bei den unwirtlichsten Bedingungen hinaus.

D

Das Klimapuzzle der Arktis ist komplex – und seine Zusammensetzung im arktischen Winter war vor der MOSAiC-Expedition großteils ein Rätsel.

Was genau passiert etwa, wenn das arktische Meereis plötzlich Risse bekommt und somit die isolierende Trennschicht zwischen dem relativ warmen Ozean und der bitterkalten Atmosphäre wegfällt? Welcher Austausch von Wärme und Energie daraus folgt, wenn solche extremen Temperaturunterschiede von bis zu 40 Grad Celsius aufeinandertreffen, ist bislang kaum erforscht. Überhaupt gehört der Austausch zwischen Ozean und Atmosphäre, etwa von Gasen wie Kohlendioxid, zu den großen Fragen der Expedition. Wie wirkt sich das auf unser Klima aus? Wann bilden sich Wolken? Welche Eigenschaften haben sie und wie beeinflussen sie das arktische Klimasystem? Wie verbringen Lebewesen die Polarnacht in monatelanger Dunkelheit unter einer geschlossenen Eisdecke? Und was passiert im Frühjahr, wenn nach und nach das Eis aufbricht und das Leben sich innerhalb weniger Wochen explosionsartig wieder entfaltet?

Daten aus der zentralen Arktis gibt es vor allem aus den Sommermonaten, aber so gut wie gar keine für einen gesamten Jahreszyklus. Denn die Region rund um den Nordpol ist im Winter bislang ein blinder Fleck. Antworten auf solche Fragen soll die MOSAiC-Expedition während der einjährigen Drift liefern. Mehr als 100 verschiedene Parameter messen die Wissenschaftlerinnen und Wissenschaftler an Bord und im Eiscamp. Viele Instrumente sind in der Polarforschung bereits lange erprobt. Doch es kommen nun auch Messgeräte zum Einsatz, die jahrelang eigens für diese Expedition entwickelt und angefertigt wurden. Bei Kälte, Wind und Wetter gehen die Expeditionsteilnehmerinnen und -teilnehmer auf das Eis, um langersehnte Daten zu gewinnen. Das eine oder andere Instrument muss während des monatelangen Einsatzes gerettet werden – vor der erdrückenden Masse eines Presseisrückens etwa oder vor den Tiefen des Ozeans unter der sich öffnenden Eisdecke. In einem eigenen Logbuch wird dieser Forschungsalltag für die Öffentlichkeit festgehalten – tägliche Momentaufnahmen voll von Hoffnung, Erschöpfung und Tatendrang, Verzweiflung und Neugier, Entbehrung, Mut und Erfindergeist.

2. November 2019 · In Met City ist der zweite Messturm errichtet worden. Sechs Leute haben den 30 Meter hohen Teleskopmast aufgebaut. 27 Segmente haben sie Stück für Stück von unten nach oben geschoben und abgespannt – an einem Tag, der mit einer gefühlten Temperatur von minus 40 Grad Celsius zu den bislang kältesten gehört. Die beiden Türme messen unter anderem Temperaturen am Boden und in der Atmosphäre, relative Luftfeuchtigkeit, Windgeschwindigkeiten, Wasserdampfdruck, Luftdruck und Kohlendioxid.

4. November 2019 · Das große Eisloch neben dem Schiff ist fast fertig. Dort können wir nun bald mit den ersten ozeanografischen Messungen beginnen. Für das Eisloch war viel Einsatz und Koordination zwischen Wissenschaft und Schiffsbesatzung benötigt. Nachdem die Außenmaße genommen und geschnitten waren, haben wir die großen Eisblöcke mit dem Schiffskran herausgehoben. Durch das Eisloch können wir Messungen bis zum Meeresgrund auf derzeit etwa 4200 Meter durchführen.

20. Dezember 2019 · Nansen ist bei seiner Expedition vor 126 Jahren die Leine ausgegangen, mit der er die Wassertiefe ausloten wollte. Er hatte nicht damit gerechnet, dass der Arktische Ozean über 2000 Meter tief ist. Heute können wir hier an Bord jederzeit bequem einen Blick auf die Wassertiefe werfen, denn Echolote registrieren diese laufend. Momentan befinden wir uns beispielsweise 4415,43 Meter über dem Meeresgrund. Diese Daten liefert uns ein sogenanntes Multifrequenzlot. Es sendet Schall aus, der am Meeresboden reflektiert und dann vom Gerät wieder empfangen wird. Je länger der Schall benötigt, desto tiefer ist das Wasser. Zusätzlich misst das Gerät mit anderen Frequenzen, was sich noch im Wasser befindet, denn auch alles, was dort herumschwimmt, reflektiert den Schall.

16. Januar 2020 · In den vergangenen Tagen haben wir eine bisher fehlende Station aufgebaut: Am Fort Ridge untersuchen wir einen Presseisrücken, der etwa 100 Meter lang und 15 bis 20 Meter breit ist. Er befindet sich derzeit 400 bis 500 Meter nordwestlich der Polarstern und kann auch mit dem Unterwasserroboter erreicht werden. Die ersten Bohrungen und Kerne zeigen, dass der Eisrücken noch nicht komplett durchgefroren ist, sondern auch weiche Schichten und Hohlräume birgt. Ein spannendes Forschungsfeld für die gemeinsame Forschung der Teams Meereis, Ozean und Ökosystem!

20. Januar 2020 · Am Sonntagmorgen hat unser Fernerkundungsteam bemerkt, dass die Sendeboxen eines auf dem Eis ausgebrachten Radiometers in unterschiedliche Richtungen zeigten. Die Aufnahmen einer in der Nähe stehenden Kamera zeigten den

Aus einer Schutzhütte blickt der junge Wissenschaftler Oguz Demir auf die Remote Sensing Site. In diesem Fernerkundungsmessfeld steht ein Ensemble sensibler Instrumente wie Mikrowellen-Radiometer und Radargeräte. Sie tragen dieselben Sensoren wie Satelliten, die aus dem All das arktische Meereis beobachten. Dank des großflächigen Überblicks der Satellitenmessungen wissen wir um den massiven Rückgang des Meereises – eine der wichtigsten und zugleich alarmierendsten Erkenntnisse zum Klimawandel. Allerdings kommen Satellitenmessungen bislang unter anderem durch die arktische Schneedecke an die Grenzen ihrer Genauigkeit. Denn frischer Schnee hat eine andere Beschaffenheit als alter, verklumpter. Und so strahlt die schneebedeckte Oberfläche die eingesetzten Mikrowellen der Satelliten unterschiedlich zurück, sodass sie je nach ihren Eigenschaften auch unterschiedlich auf den Satellitenbildern erscheint. Für mehr Genauigkeit soll ein groß angelegtes Messprogramm am Boden sorgen, das in der Remote Sensing Site während der MOSAiC-Expedition durchgeführt wird. Ziel ist es, diese Schwäche der Satellitenmessungen zu kompensieren und Schneedicke und -eigenschaften akkurater in die Beobachtungen einzubeziehen.

Grund für die Umgestaltung: Ein Eisbär hat die Remote Sensing Site, das Fernerkundungsmessfeld, kurz nach Mitternacht besucht und unsere Instrumente begutachtet. Glücklicherweise hat er sich ganz vorsichtig angenähert und nur eine Abdeckung abgerissen, ohne weitere Installationen kaputt zu machen, und ist vorsichtig über alle Kabel geklettert.

24. Januar 2020 · Gestern Morgen haben wir auf den Aufnahmen des Schiffsradars subtile Deformationen der Scholle in der Nähe der Polarstern gesehen. Ein Logistikteam ist aufgebrochen, um die Umgebung zu erkunden, und kam mit der Nachricht zurück, dass sich ein 50 Meter breiter und ein Kilometer langer Riss entlang einer Scherzone gebildet hat. Das war unsere langersehnte Chance, Energie-, Wärme- und Gasflüsse zwischen Wasser, neu gebildetem wie auch altem Eis und der Atmosphäre zu messen. Außerdem haben wir Proben genommen, um die Neubesiedlung des frisch entstehenden Meereises durch Algen und andere Lebewesen zu untersuchen. Alles in allem war dies ein großartiger interdisziplinärer Einsatz, um die Geheimnisse der winterlichen Arktis zu entschlüsseln.

30. Januar 2020 · Wir haben eine neue Boje installiert, die Fisch- und Zooplanktondaten erhebt. Sie erfasst diese Tiere in der Wassersäule, indem sie akustische Signale aussendet und ihre Reflexion misst wie ein Echolot. Wir haben sie einige Hundert Meter von Schiff und Fort Ridge entfernt ausgebracht, damit es keine Interferenzen mit den dortigen Geräten gibt. Das Gesamtgewicht von 200 Kilogramm und die Höhe der Boje von 2,2 Metern machten die Namensgebung leicht: das Monster!

8. Februar 2020 · Team Atmosphäre war es erst Ende Januar gelungen, ein automatisches Messgerät wiederzubeleben, das Teil unseres weitverzweigten Netzwerks von Stationen ist, die bis zu 40 Kilometer von der Polarstern entfernt mit dem Eis driften. Aber nur wenige Tage später hörte das System wieder auf, Daten zu senden. So sind wir sind zur Fehlerbehebung nochmals zur Station zurückgekehrt. Wir hofften, lediglich vereiste Sensoren oder Sender vorzufinden, mussten aber feststellen, dass das Eis bei der Bildung eines Presseisrückens das ganze System zerstört und teilweise eingeschlossen hat! Während unseres Besuchs verschlechterten sich die Flugbedingungen, sodass wir die Station verlassen mussten, bevor wir Sensoren und andere Teile der Station bergen konnten. Hoffentlich verschlingt das Eis diese Teile nicht, bevor wir sie retten können.

13. Februar 2020 · Jahrelang hatten wir gehofft, zwei gleichzeitig erfasste Datenarten von einer Eisscholle miteinander kombinieren zu können: Helikopter gestützte Laserscannerdaten aus der Luft, die die Eisoberfläche abbilden, und Aufnahmen vom sogenannten Multibeam Sonar unseres Unterwasserroboters, das ein detailliertes Bild von der sonst unsichtbaren Eisunterseite aufzeichnet. Jetzt ist dieser langgehegte Traum in Erfüllung gegangen und wir konnten erstmals die beiden Seiten unserer Scholle in einer dreidimensionalen Visualisierung zusammenbringen. Neben der anschaulichen Animation liefert dies natürlich großartige Daten. Sie sind essenziell für das Verständnis, wie und unter welchen Schnee- und Eisdickenbedingungen das Eis wächst und wie die Unebenheiten an der Eisoberfläche und der Eisunterseite korrelieren.

17. Februar 2020 · Auf der im Eis eingefrorenen Polarstern sind wir rundherum von Eis und Schnee umgeben. Aber auch in der Luft sind Eiskristalle allgegenwärtig. Je nach Temperatur sind sie unterschiedlich geformt: zu massiven Platten, Prismen oder Säulen, sternförmigen Platten, Nadeln oder Dendriten. Die jeweiligen Größen und Ausprägungen hängen zusätzlich von der Luftfeuchtigkeit ab. Um diese winzigen Kristalle untersuchen zu können, ohne dass sie wegschmelzen, werden sie nach dem Sammeln in speziellem Kunststoff konserviert. Auf diese Weise kann ein Abdruck gemacht und unter dem Mikroskop fotografiert werden. Die verschiedenen Eiskristallformen sind für uns von großem Interesse, denn sie beeinflussen die Streuung von Licht und Strahlung unterschiedlich.

21. Februar 2020 · Nansen beschreibt in seinem Tagebucheintrag vom 21. Februar 1894 die Netzfänge der Fram-Expedition: In einem Netz „waren mannigfache andere kleine Crustaceen und sonstige kleine Tiere, die so stark phosphoreszierten, dass der Inhalt des Netzes [...] wie glühende Kohlen aussah." Team Ökosystem hatte heute ebenfalls Netztag und wir finden Ruderfusskrebse (Copepoden) der Gattung Metridia – Zooplankter, die bläulich funkeln, als die Fänge im Labor aus dem Planktonnetz gesiebt werden.

26. Februar 2020 · Nach neun Jahren Untereis-Tauchgängen mit Unterwasserrobotern (ROV) des Alfred-Wegener-Instituts gab es letzten Samstag eine Premiere: Zum ersten Mal überhaupt haben wir auf einem ROV-Video eine Robbe gesehen! Damit können wir auch die vorherige Sichtung vom 4. Februar bestätigen, als eine Robbe im Loch, durch das wir das ROV zu Wasser lassen, zum Atmen auftauchte. Als ihre Beobachter zur Kamera greifen wollten, war sie aber schon wieder verschwunden.

9. März 2020 · Vor einigen Tagen hatte sich etwa eine Seemeile nordöstlich von der Polarstern eine große Eisrinne von circa

5 Kilometern Länge und 500 Metern Breite geöffnet. Rinnen sind sehr wichtig für die Energiebilanz und die Biogeochemie in der Arktis, vor allem im Winter. Deshalb haben sich sechs Wissenschaftlerinnen und Wissenschaftler aus den Teams Atmosphäre und Biogeochemie auf den Weg gemacht, um die Gegend rund um die Rinne zu erkunden und Proben zu nehmen. Ein paar Stunden später, zurück auf dem Schiff, haben wir auf dem Radar gesehen, dass die sehr große Rinne bereits wieder geschlossen war.

16. April 2020 · Um den möglichen Verlauf der Drift im Vorfeld der Kampagne abschätzen zu können, wurden mithilfe von Satellitendaten die Wege rekonstruiert, die das Eis vom MOSAiC-Startpunkt aus in den vergangenen Jahren eingeschlagen hat. Nach rund 180 Tagen lässt sich das erste Resümee ziehen: Die Drift ist bislang tatsächlich innerhalb des Driftkorridors verlaufen, der sich aus diesen Daten ergab. Ein Vergleich der Daten aus den Vorjahren mit dem chronologischen Verlauf zeigt aber, dass die Drift etwa seit dem Jahreswechsel ziemlich geradlinig und zielstrebig erst nach Westen und dann nach Süden verlaufen ist, ohne große Umwege oder Schlaufen.

23. April 2020 · Seit Mittwoch vergangener Woche haben wir hier auf der Scholle ein Wechselbad der Temperaturen durchlebt: Von knapp minus 30 Grad Celsius ist die Temperatur auf minus 2 Grad Celsius gestiegen bevor sie wieder auf knapp minus 20 Grad Celsius gefallen ist – um im direkten Anschluss schließlich in Bodennähe die 0 Grad Celsius zu knacken. Dieser Wärmeeinbruch hat nicht nur uns, sondern auch den Schnee auf der Scholle zum Schwitzen gebracht. Durch die niedrigen Temperaturen zwischen diesen Warmphasen durchläuft der Schnee sogenannte Schmelz-Gefrier-Zyklen, die die Kristalle in der Schneeauflage wachsen lassen und sogar zur Eiskristallbildung beitragen. Um diese Prozesse im Detail zu beobachten, nutzen wir hier an Bord einen speziellen Computertomografen, der uns einen Einblick in diese vielfältigen Schneekristallstrukturen gibt. Wir sind gespannt, wie sich unsere Schneekristalle in den kommenden Wochen verändern.

1. Mai 2020 · Um zu beobachten, wie sich Schnee- und Eisdicke unterschiedlicher Eistypen unserer Scholle verändern, laufen Meereisphysiker regelmäßig festgelegte Transekt-Schleifen innerhalb des zentralen Observatoriums. Dabei ziehen sie für die Eisdickenmessung einen Schlitten mit einem elektromagnetischen Sensor hinter sich her, der kontinuierlich die totale Eisdicke, also Schnee- plus Eisdicke misst. Mit einer Schneesonde wird zusätzlich alle zwei Schritte die Schneedicke gemessen. Die Ergebnisse der Messungen zeigen eindrucksvoll: Trotz Schneefall und starker Schneedrift über die vergangenen Wochen und Monate hat die Schneedicke in Bereichen des zweijährigen Meereises im Mittel um nur 10 Zentimeter seit Oktober zugenommen. Auf einjährigem Eis immerhin um 15 Zentimeter. Den Neuschnee finden wir dabei an den gebildeten Eisrücken und auf der Vielzahl neuer Eisrinnen auf unserer Scholle wieder.

Aufgrund möglicher Luftverunreinigungen durch das Schiff steht der Campdistrikt Met City mit den beiden meteorologischen Messtürmen und weiteren Instrumenten weit von der Polarstern entfernt. Die beiden komplexen Metallkonstruktionen sind mit diversen Sensoren bestückt. Als ein Sturm bereits wenige Wochen nach dem Aufbau den größeren der Türme zu Fall bringt, ist die Erleichterung darüber groß, dass die empfindliche Sensorik keinen Schaden genommen hat. Wissenschaftlich betrachtet gehört der Sturm zu den ersten Höhepunkten der Expedition. Erstmalig gelingt es zu dokumentieren, wie sich solche Stürme auf das Klimasystem der Arktis auswirken.

Als eines Tages Mitglieder vom Team Atmosphäre nach Balloon Town kommen, staunen sie nicht schlecht: Eine Bärenpranke hat große Risse in den leuchtend orangeroten Planen der beiden Zelte hinterlassen. Offenbar war die Neugier des Tiers damit jedoch befriedigt, denn die verschieden geformten Fesselballons, die hier auf ihren Einsatz warten, blieben unbeschädigt. Sobald das Wetter es zulässt, steigen die heliumgefüllten und mit Sensoren und Geräten bestückten Flugobjekte aus Balloon Town auf, um in verschiedenen Höhen auf Datenjagd zu gehen. Sie messen zum Beispiel Windgeschwindigkeiten und Wolkenzusammensetzungen oder fangen Schwebepartikel aus der Luft ein.

Willkommen in Ocean City, dem Treffpunkt der Kolleginnen und Kollegen aus den Teams Ozean, Biogeochemie und Ökosystem. Die Doktorandin Maria Josefa Verdugo vom Team Biogeochemie wartet im Zelt, das eine Öffnung in die Tiefe des Ozeans birgt: Durch ein großes Loch im Eis taucht hier regelmäßig eine sogenannte CTD-Rosette ins Wasser. Dieses ozeanografische Messgerät, das an eine Ansammlung von Gasflaschen erinnert, erfasst zum Beispiel Leitfähigkeit (conductivity) und Temperatur (temperature) in Abhängigkeit von der Wassertiefe (depth). Ebenso befördert die CTD-Rosette Wasserproben für Laboranalysen aus verschiedenen Tiefen an die Oberfläche. Damit die Proben nicht sofort an der eisigen Luft gefrieren, ist das Zelt beheizt – vielleicht ein weiterer Grund, warum Ocean City ein so beliebter Treffpunkt im Eiscamp ist.

Kurz nach dem Aufbau fehlt dem Zelt der sogenannten ROV-Oase noch seine rot-weiße Außenverkleidung. Mit seiner silbernen Isolierschicht würde es auch einer Mondbasis gerecht. Allerdings erweist sich der ausgewählte Platz der ROV-Oase schnell als wesentlich dynamischer als jeder Ort auf dem Mond: Mehrfach bricht dieser Teil des Camps von der Scholle ab und driftet davon, sodass eine Bergung per Helikopter nötig wird. Im Zelt haust das sogenannte Beast, ein Remotely Operated Vehicle (ROV), das ferngesteuert auf lange Tauchfahrten unter das Eis geht. Trotz seines eindrucksvollen Namens hat der gelbe Tauchroboter eine eher unspektakuläre Kastenform. Umso spannender ist dafür, was seine Kamera im Einsatz entdeckt: Die Unterseite des Meereises ist eine ganz eigene Lebenswelt für arktische Kreaturen. Bei Tauchfahrten begegnet Beast sogar mitten in der Polarnacht einer Qualle, Fischen und Robben. Zudem trägt Beast verschiedene Sensoren, um etwa die Eisunterseite zu vermessen oder um zu entdecken, wie viel Licht durch Schnee und Eis ins Meer vordringen kann.

LUPINE
FXR

Unten: Der norwegische Bärenwächter Gaute Hermansen ist mit einer Kettensäge zugange, denn für die Installation eines Instruments wird ein Loch im Eis benötigt.

Rechts oben: Da der Schnee für die Entwicklung des Meereises eine wichtige Rolle spielt, werden während der Expedition auf unterschiedliche Weisen Schneedicke und -temperatur kontrolliert. Während einer Messung zeigen sich zum Beispiel ganze 7 Grad Celsius Unterschied zwischen der Ober- und der Unterseite einer nur einen Zentimeter dicken Schneeschicht.

Angesichts solcher Temperaturdifferenzen ist der Effekt von Schnee wenig überraschend: Eine dickere Schneeschicht isoliert das Eis gegen die kalte arktische Luft, sodass weniger Meerwasser zu Eis gefrieren kann. Schnee macht das Meereis also dünner.

Rechts unten: Die Eisdicke, ein weiterer wichtiger Faktor im arktischen Klimasystem, spielt eine zentrale Rolle für viele Forschungsbereiche der Expedition. Bei diesem Instrument handelt es sich um eine sogenannte Thermistorkette: Die Kette hängt von der dreibeinigen Vorrichtung herab durch Luft, Schnee und Meereis bis hinein in den Ozean. Sie misst nicht nur die jeweilige Dicke und die ‚normale' Temperatur, sondern hat noch eine Zusatzfunktion: Indem sie sich minimal erwärmt, erlaubt sie, über die Wärmeleitfähigkeit von Eis und Schnee auch auf weitere Eigenschaften rückzuschließen. Dazu gehört, dass Schnee stärker isoliert als Meereis oder Wasser. Der Effekt von 10 Zentimetern Schnee ist ebenso stark wie von einem Meter Meereis.

POLARSTERN

In klaren Nächten, in denen das Licht von Mond und Sternen die Umgebung erhellt, lässt sich die Weite gut im Blick behalten. Doch insbesondere in Nächten, in denen Wolken und Nebel die Sicht einschränken, setzt auch Bärenwächter Olaf Stenzel auf die Hilfe von hochmodernen Nachtsichtgeräten. Es gilt, Bären möglichst so früh zu erkennen, dass sie den Forscherinnen und Forschern auf dem Eis nicht gefährlich nah kommen können.

Bjela König hat neben ihrer Rolle als Sicherheitsexpertin auch wissenschaftliche Aufgaben übernommen. Zweimal pro Woche pumpt sie, unterstützt von einer Kollegin, 500 Liter Meerwasser durch einen Filter. Eine spätere Analyse wird sich der Frage widmen, ob in den Proben Mikroplastik enthalten ist, das es durch Winde und Meeresströmungen bis in die Zentralarktis geschafft hat. Bereits bei früheren Expeditionen wurden mikroskopisch kleine Plastikteilchen im arktischen Raum gefunden – ein menschengemachtes Umweltproblem, das inzwischen selbst die abgelegensten Regionen der Erde erreicht hat.

Der Wissenschaftler Ian Raphael wendet eine traditionelle, nämlich manuelle Methode an, um das Schneewachstum zu messen. Mithilfe einer Stange, stabil ins Eis gebohrt, lässt sich der Zuwachs der Schneemasse gut beobachten. Das Nebeneinander der verschiedenen Messmethoden während der MOSAiC-Expedition und auch die Vergleichbarkeit mit früheren Studien erlauben ebenso zuverlässige wie umfassende Rückschlüsse auf die Bedingungen und Veränderungen, die das arktische Klimasystem im frühen 21. Jahrhundert charakterisieren.

FXR
FAST

FXR

Das arktische Meereis

Eine Kühlkammer bekommt Risse

Endlos weit erstreckt sich eine Eiswüste über den Arktischen Ozean. Hier und da ragen meterhohe, mächtige Presseisrücken gen Himmel empor. Nur mit enormem Kraftaufwand ist es Eisbrechern möglich, in diese Gegend vorzustoßen. Aus unserer Perspektive ist es deshalb kaum vorstellbar, wie fragil das Meereis ist. Doch der Schein trügt. Könnten wir das Eis und den Schnee in einem Querschnitt der Erde betrachten, würde sich uns eine hauchdünne Schicht von teilweise weniger als einem Meter offenbaren, die den 4000 Meter tiefen Ozean von der Atmosphäre mit ihren Höhenwinden in über 15000 Metern trennt. Eine Schicht, die immer mehr Risse bekommt. Die gigantische Eisdecke verändert sich rasant – mit Folgen für das Klima weit über die Arktis hinaus. Während der MOSAiC-Expedition wollen Wissenschaftlerinnen und Wissenschaftler deshalb zum ersten Mal ein ganzes Jahr lang die Veränderungen des Meereises an ein und derselben Scholle erforschen. Dabei untersuchen sie auch den Schnee genau, der die Eisschollen bedeckt und als eine weitere Trennschicht zwischen Ozean und Atmosphäre ebenfalls das arktische Klimasystem beeinflusst.

Meereis entsteht, wenn die Oberfläche des Ozeans gefriert. Aufgrund des Salzgehalts passiert das ab einer Temperatur von minus 1,9 Grad Celsius. Dann verbinden sich wenige Millimeter große Eiskristalle an der Wasseroberfläche zu einem zusammenhängenden, anfangs kaum sichtbaren Film. Auf Satellitenaufnahmen etwa sieht diese weiße Schicht oft aus wie eine große, nahtlose Decke. Tatsächlich ist das Meereis jedoch eher ein gigantisches Mosaik aus Tausenden einzelnen Schollen und Eisformationen, es bleibt durch die Ozeanströmungen und Winde in ständiger Bewegung. Weil das Wasser im Ozean nicht an Masse zunimmt, wenn Meereis schmilzt, verursacht sein Schwinden auch keinen Anstieg des Meeresspiegels. Und doch hat das Eis einen enormen Einfluss auf das Klima unseres Planeten.

Das Meereis stellt einen wesentlichen Teil der sogenannten Kryosphäre dar. Darunter versteht man alle Formen und Vorkommen von Eis und Schnee auf unserem Planeten – sozusagen seine Kältekammern. Bezogen auf die Masse ist die Kryosphäre direkt nach dem Ozean die zweitgrößte Komponente im Klimasystem der Erde. Das Meereis ist in ständiger Wechselwirkung mit der Atmosphäre einerseits und dem Ozean andererseits. Helle Oberflächen reflektieren einen hohen Anteil des Sonnenlichts zurück ins Weltall. Deshalb erwärmen sich die vom Meereis bedeckten Flächen deutlich weniger als das dunkle Wasser des offenen Ozeans. Wenn die globale Erwärmung zu einem stärkeren Schmelzen des Meereises führt, wird weniger Sonneneinstrahlung reflektiert. Die Oberfläche hat dann insgesamt ein geringeres Rückstrahlvermögen, auch Albedo genannt. Folglich nimmt auch der Arktische Ozean deutlich mehr Wärme auf. So schmilzt das Eis sowohl durch die höhere Lufttemperatur als auch durch das wärmer gewordene Ozeanwasser – ein Effekt, der sich immer weiter verstärkt. Da dieser Prozess in den Polarregionen besonders ausgeprägt ist, spricht man hier von der polaren Verstärkung, wodurch sich der Klimawandel besonders in der Arktis bemerkbar macht.

Wie ein in Zeitlupentempo schlagendes Herz dehnt sich das arktische Meereis im Winter aus, um sich im darauffolgenden Sommer wieder zusammenzuziehen, bis es im September sein Jahresminimum erreicht hat. Dann ist die eisbedeckte Fläche nur noch weniger als halb so groß wie im Winter. Neben diesem saisonal bedingten Naturschauspiel gibt es allerdings auch einen Trend, der mit der globalen Erwärmung zusammenhängt: Seit 1979 beobachten Wissenschaftlerinnen und Wissenschaftler mit Satelliten, wie die Ausdehnung des Meereises vor allem im Sommer immer kleiner wird. Diese Beobachtungen sind beunruhigend: Seit 2007 war das Septemberminimum jedes Jahr geringer als in den ersten Jahrzehnten der Satellitenbeobachtungen, 2012 erreichte es schließlich mit einer Fläche von 3,4 Millionen Quadratkilometern den bisherigen Negativrekord und im September 2019 schrumpfte das Meereis zum zweiten Mal auf eine Fläche von unter 4 Millionen Quadratkilometer. Zum Vergleich: Anfang der 1980er-Jahre bedeckte das Meereis im September noch über 7 Millionen Quadratkilometer des Ozeans, eine Fläche von der Größe Australiens.

Diese Beobachtung allein würde noch kein finales Urteil über den Umfang der Eisschmelze zulassen. Um das Gesamtvolumen des Eises zu bestimmen, muss man zusätzlich die Dicke des Eises berücksichtigen, die oftmals sehr variabel ist und einige Meter in den Ozean

Unter all den Instrumenten, Technologien und Tauchrobotern des Eiscamps erinnert keine Station so sehr an einen Science-Fiction-Film wie Remote Sensing Site. Passend zu diesem Eindruck werden hier gemeinsam von Forschungsinstitutionen aus aller Welt jene Daten erhoben, die benötigt werden, um die Satellitenmessungen von ESA und anderen Weltraumagenturen zu verbessern und die wichtigen Klimavariablen Schneehöhe, Eisdicke und Eisfläche aus der weiten Perspektive des Weltalls noch genauer beobachten zu können. Die außerirdisch anmutende Szenerie der Remote Sensing Site dient vor allem dem ganz realen Anliegen herauszufinden, wie stark das arktische Meeereis abnimmt und womit dies zusammenhängt.

hineinreicht. Dazu kommt noch der Schnee, der auf dem Meereis liegt und die Vermessung der Eisdicke noch komplizierter macht. Neben der Fläche hat auch die Dicke des Eises in den vergangenen Dekaden abgenommen. In den 1960er-Jahren war das Meereis an den meisten gemessenen Stellen noch rund drei Meter dick, inzwischen ergeben Messungen überwiegend weniger als einen Meter.

Ein wesentlicher Grund dafür ist, dass das Meereis heute nicht mehr so alt wird wie früher. Die Wissenschaft unterscheidet zwischen einjährigem und mehrjährigem Meereis. Letzteres überlebt mindestens einen Sommer, wird im darauffolgenden Winter wieder dicker und erreichte in der Regel schließlich ein Alter von zwei bis fünf Jahren. Der Anteil an dickem mehrjährigem Eis nimmt seit Jahren stark ab und macht mittlerweile nicht einmal mehr die Hälfte aus. Für die Arktis heute ist jedoch das dünnere einjährige Eis charakteristisch. Der gefrorene Ozean unterscheidet sich gegenwärtig also deutlich von dem, wie wir ihn aus Fridtjof Nansens Aufzeichnungen kennen. Die Eisfläche wird stärker durch Wind und Ozeanströmungen bewegt und ist so deutlich instabiler.

Alltag

Leben am
Ende der Welt

IMO 8013132

RSTERN

Das Forschungscamp steht, Arbeitsroutinen haben sich eingespielt und die Gruppe wächst zusammen. Nach den intensiven ersten Wochen der Expedition werden die Teilnehmerinnen und Teilnehmer in Bezug auf ihre Freizeitgestaltung immer kreativer. So ist direkt vor dem Schiff eine kleine Freizeitfläche entstanden. Hier kann im Scheinwerferlicht sogar ein Fußballspiel ausgetragen werden – sofern sich Freiwillige finden, die das Spielfeld als Eisbärwachen absichern. Eine der hauptberuflichen Bärenwächterinnen der Expedition ist Trude Hohle. Oft findet man sie abends im Roten Salon, wo sie Pullover und Mützen strickt.

D

Die Sehnsucht nach Wärme kann auf dem Eis ins Unermessliche steigen. Forschung bei extremen Minusgraden, Aufräumarbeiten in beißendem Wind, der die Kälte noch weiter in die Knochen trägt, oder stundenlanges Absuchen des dunklen Horizonts nach Eisbären – die Arbeit auf der Eisscholle ist kräftezehrend. Doch so mühsam die Stunden auf dem Eis auch sind, am Ende des Tages warten auf das Team immer die warmen Räume im Innern der Polarstern.

Wenn die Menschen an Bord abends die Gangway hochziehen, die sie Zugbrücke nennen, wirkt ihr Schiff wie eine Burg im Eis, in der sie Sicherheitsausrüstungen und Gewehre abgeben und die Gefahren der Arktis auf der Scholle zurücklassen können. Nachdem sie sich Schicht für Schicht aus den vielen Lagen ihrer Polarkleidung befreit haben, lassen nur noch die Spuren von Wind und Kälte in ihren Gesichtern erahnen, in was für einer Region sie sich gerade aufhalten.

Wie eine schützende Schicht trennt die Polarstern dann die Expeditionsteilnehmerinnen und -teilnehmer von der unerbittlichen Arktis draußen. Während der täglichen drei warmen Mahlzeiten, die in den beiden Messen eingenommen werden, tauschen sie sich über zurückliegende und bevorstehende Ereignisse des Tages aus. Wo hat ein neuer Riss das Eis geteilt? Welches Instrument hat erstaunliche Messergebnisse geliefert? Was ist derweil auf dem Schiff passiert? Wie sehen die Pläne für den nächsten Tag aus? Mehrmals täglich werden die Messen zu Drehscheiben für wichtige Informationen. Das Essen an Bord ist gutbürgerlich. Ob Eintopf, Bratkartoffeln oder kalte Platten: Diese Variationen deutscher Küche wurden vermutlich schon vor vierzig Jahren serviert, als die Polarstern zu ihren ersten Expeditionen in die Polargebiete aufbrach. Vor allem donnerstags, am sogenannten Seemannssonntag, ist das Mahl reichhaltig. Lange hat die Reederei für die Expedition vorausgeplant, um ausreichend Lebensmittel an Bord zu bringen. Nur ein Beispiel: Am ersten Tag der Expedition liegen rund 10 000 Eier in den Kühlräumen, um während der nächsten Monate zu Omelette oder Kuchen verarbeitet zu werden. Die meisten Teilnehmenden schätzen das Angebot aus der Kombüse sehr. Gleichzeitig kann es immer nur ein Kompromiss sein, den Ernährungsgewohnheiten von hundert Menschen aus verschiedenen Ländern gerecht zu werden. Deshalb haben sich manche von ihnen Lieblingslebensmittel, auf die sie keinesfalls verzichten möchten, aus der Heimat mitgebracht.

Freizeit heißt in der Zentralarktis vor allem Offlinezeit. Die Kommunikationsmöglichkeiten mit Freundinnen, Freunden und Familie sind sehr eingeschränkt. Die Satelliten in der Erdumlaufbahn sind nun einmal nicht primär für eine kleine Gruppe von Menschen am Nordpol ausgerichtet. So ist es fast schon ein Luxus, dass E-Mails oder Textnachrichten per Messenger in mikroskopischen Datenmengen verschickt werden können. Ansonsten ist hier das Ende des World Wide Web erreicht. Keine Social Media, keine News, kein Streaming. Anstatt stundenlang zu surfen, rücken lange vergessene Freizeitaktivitäten in den Fokus, die an ein Leben vor dem Internet erinnern. Nach dem Mittagessen richten die Teilnehmerinnen und Teilnehmer zum Beispiel Tischtenniswettbewerbe aus. Einige haben ihre Musikinstrumente mitgebracht. In den Aufenthaltsräumen sieht man Forscherinnen und Forscher beim Stricken von Mützen oder auf der Yogamatte. Für zwei Stunden ist abends eine kleine Eisfläche vor dem Schiff für Freizeitaktivitäten zugänglich, auf der sogar das eine oder andere Fußballspiel ausgetragen wird. Diese Abendstunden sind wichtig, um runterzukommen, denn auf einem Forschungsschiff gibt es kein Wochenende und selbst an Feiertagen müssen die Messungen vorgenommen werden. Nachdem sie den ganzen Tag auf dem Eis standen, dienen diese wenigen freien Momente dazu, Energie zu tanken und Freundschaften zu knüpfen. Aber der wissenschaftliche Austausch bleibt auch nach Feierabend präsent – auf den Fluren, beim Essen, im Roten Salon oder bei einem Vortrag im Kinoraum.

Von Zeit zu Zeit werden die Routinen zumindest ein bisschen durchbrochen. Zum ersten Advent schmückt die Crew die Messen liebevoll mit Weihnachtsdekoration. Im ungewohnt festlichen Ambiente gibt es Kekse, Nüsse und Datteln. Für Heiligabend haben die

Für vier Monate im Eis nehmen die Teilnehmerinnen und Teilnehmer neben der obligatorischen Expeditionsausrüstung auch so manches mit, worauf sie in der Arktis nicht verzichten wollen. Im Blauen Salon musizieren Antonia Immerz, Bjela König und Verena Mohaupt (von links nach rechts). Sie üben Stücke ein, die sie auf der Weihnachtsfeier spielen wollen. Kleine Konzerte ergeben sich aber nicht nur anlässlich von Feiertagen, sondern manchmal auch spontan nach der Arbeit in einem der Labore.

Expeditionsteilnehmerinnen und -teilnehmer reichlich Geschenke mit an Bord gebracht. Nach einem klassischen norddeutschen Weihnachtsessen – Kartoffelsalat und Bockwurst – erscheinen alle in schicker Kleidung, die teilweise extra für diesen Abend eingepackt worden ist. Festlich ist auch die Rede, die der Kapitän im Blauen Salon hält. Weihnachten in der Nähe des Nordpols sei eine besondere Situation, ebenso besonders wie der Zusammenhalt auf der Polarstern. Die Menschen hier seien die beste Alternative zur Familie in der Heimat. Und am Ende dieses Feiertags lässt er Fridtjof Nansen zu Wort kommen mit einer Tagebuchpassage, in der der Norweger vor 125 Jahren beschrieben hat, wie er mit seinen Kameraden im Packeis Weihnachten feierte. Mit kleinen Geschenken bedanken sich Wissenschaftlerinnen und Wissenschaftler außerdem bei der Crew für die großartige Unterstützung.

Aber selbst an einem so besonderen Tag bedeutet Freizeit nicht für alle Freizeit. Irgendwo auf dem Schiff wird immer gearbeitet. Bereits mitten in der Nacht wird die Kombüse im Bauch der Polarstern zur Bäckerei. Ein paar Ebenen weiter unten hält die Besatzung des Maschinenraums Stromerzeugung, Heizsystem und Wasserversorgung am Laufen. Sie arbeiten ebenso wie die Crew an Deck und auf der Brücke rund um die Uhr im Schichtbetrieb. In der Schlosserei schweißt jemand schwere Anker aus Eisenbahnschienen zusammen. Auf dem C-Deck drehen sich ein halbes Dutzend Waschtrommeln und im Hospital hat der einzige Arzt an Bord immer Notfallsprechstunde. Sie alle sorgen dafür, dass die Polarstern funktioniert wie eine Kleinstadt und die Wissenschaftlerinnen und Wissenschaftler sich fernab der bewohnten Welt voll und ganz auf ihre Forschung konzentrieren können.

Links oben: Das An- und Ausziehen von polartauglicher Kleidung kann eine halbe Ewigkeit dauern. Angefangen von Thermounterwäsche bis hin zum Sicherheitsoverall gilt das Zwiebelsystem. Denn auch bei Minustemperaturen im zweistelligen Bereich kommen die Teilnehmerinnen und Teilnehmer bei stundenlanger schwerer Arbeit auf dem Eis mitunter ins Schwitzen. Nach ein paar Wochen haben die meisten die optimale Kombination ihrer Expeditionskleidung gefunden.

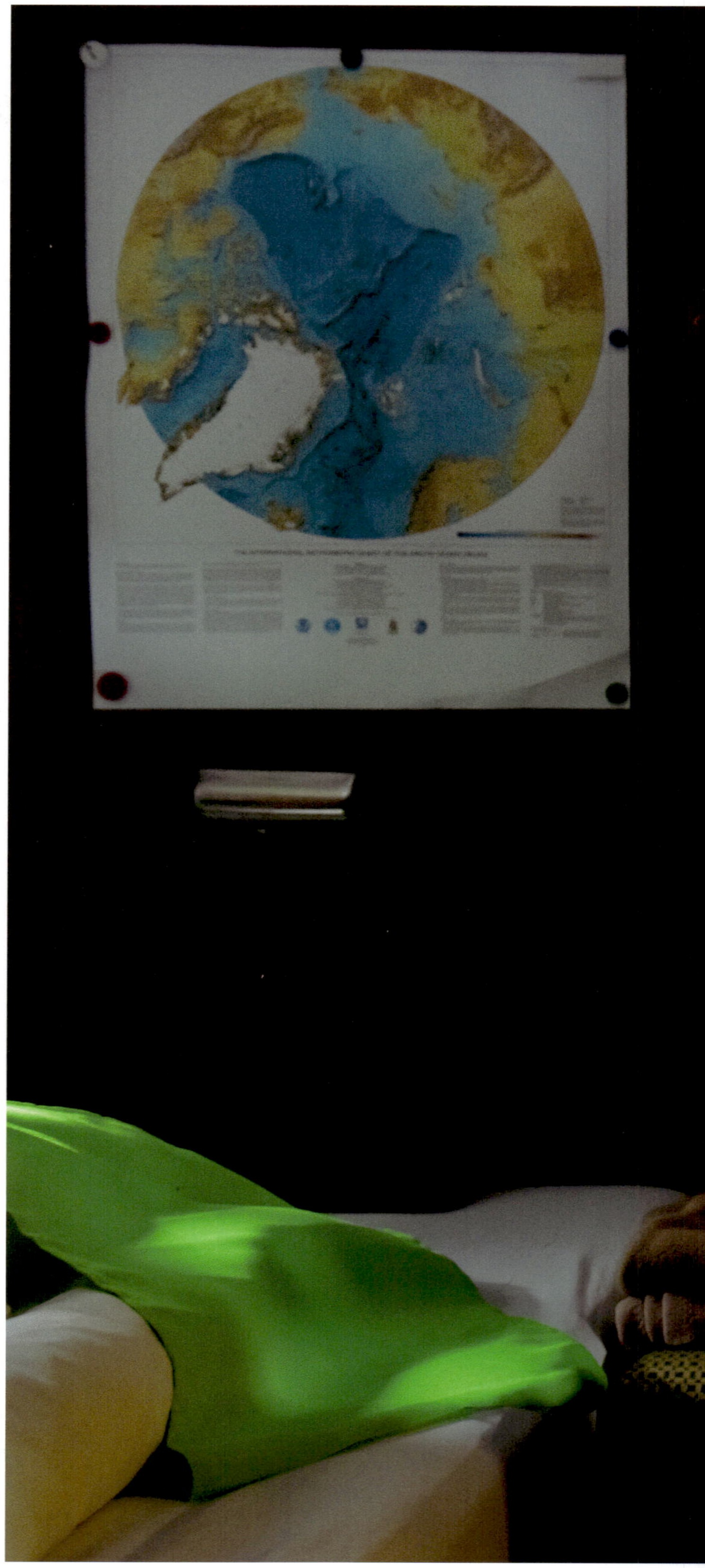

Für den Helikopterpiloten Carsten Zillgen geht die Arbeit an manchen Abenden auf seiner Kammer weiter – an einer Nähmaschine. Anders als die vielen selbstgestrickten Mützen und Socken, die im Laufe der Expedition entstehen, hat sein Werk jedoch nichts mit modischer Polarkleidung zu tun. Stattdessen näht er Flaggen und markiert mit ihnen an den autonomen Messstationen in der Umgebung Landestellen für die beiden Bordhelikopter.

Sebastian Brück hat ein Hobby, das nicht nur von Kapitän Stefan Schwarze sehr geschätzt wird: Wenn das Tagewerk an Deck verrichtet ist, öffnet der Bootsmann abends in einer der Werkstätten seinen improvisierten Friseursalon. Er kann sicher sein, dass spätestens nach einem Monat immer mehr Kundinnen und Kunden zu ihm kommen. Einen neuen Haarschnitt gibt es nach Terminvergabe gratis.

Wie geht man auf eine Halloweenparty, ohne sich noch schnell ein Kostüm im Internet bestellen zu können? Ronny Engelmann gelingt die Improvisation mit einer Verkleidung als C-3PO, dem aus Star Wars bekannten humanoiden Roboter. Futuristisch mutet auch seine Forschung abseits aller Verkleidungspartys an: Mit einem grünen Laserstrahl, dem sogenannten Lidar, vermisst er Aerosolpartikel und Wolken in Höhen von über 20 Kilometern.

Sonntags treffen sich Expeditionsteam und Besatzung in der Werkstatt zu einer alten Polarstern-Tradition: dem Wiegeclub. Bevor die jeweilige Person auf der Waage Platz nimmt, schätzt sie, ob sie in der vergangenen Woche zugenommen, abgenommen oder ihr Gewicht gehalten hat. Wer falsch liegt, zahlt 50 Cent in eine Kasse. Das Geld wird nach der Expedition für einen guten Zweck gespendet.

Jeden Morgen steht Maren Zahn um 3 Uhr 45 auf, um in der Kombüse Brötchen zu backen und mit dem Rest der Küchencrew das Frühstück vorzubereiten. Manchmal nutzt sie die stillen Morgenstunden auch, um eine Torte zu zaubern, die vor allem donnerstags auf dem Speiseplan steht. Auf See wird der Donnerstag auch Seemannssonntag genannt, denn an diesem Tag gibt es traditionsgemäß besonders reichhaltiges Essen.

Die Hansa in Noth.

adidas

2019
2020

Das Ökosystem der Arktis

Leben unter null

Ungekrönter König der Arktis und häufiger Besucher im Forschungscamp: Der Eisbär ist der unumstrittene Herrscher einer der extremsten Regionen der Erde. Bestens an seine Umgebung angepasst, trägt er unter dem weißen Fell schwarze Haut, die das Sonnenlicht absorbiert und ihn so in der Kälte warmhält. Sein wissenschaftlicher Name Ursus maritimus weist ihn zwar weniger als Eis-, sondern vielmehr als Meeresbär aus. Doch dabei unterschlägt die lateinische Bezeichnung, wie sehr das Tier, wenngleich ein exzellenter Schwimmer, vom Eis abhängig ist. So wurde der weiße Bär zum Symbol für die lebensbedrohlichen Ausmaße des Klimawandels. Die globale Erwärmung schmilzt dem weißen Jäger buchstäblich die Lebensgrundlage unter den Pranken weg – und nicht nur ihm. Der Eisbär mag der bekannteste unter den arktischen Bewohnern sein, doch ist er keineswegs allein da draußen. Rund um das Meereis, das mit seinem zyklischen Schmelzen und Gefrieren den Takt vorgibt, spielt sich das arktische Leben ab, darauf, darunter – und mittendrin. Denn selbst in den extrem salzhaltigen Solekanälen, die auf Mikroebene das Meereis durchziehen, finden sich kleinste Organismen, die sich an diese extreme Umgebung angepasst haben. Mithilfe von Eis- und Wasserproben, aber auch mit Unterwasserkameras und akustischen Signalgeräten macht sich das Forschungsteam während der Expedition ans Werk, um die Vielfalt des arktischen Lebens zu erkunden. Ihre Liste an Fragen ist lang. Wie überdauern etwa die Lebewesen den langen, stockfinsteren Winter, wenn sich für Monate kein einziger Sonnenstrahl zeigt und die Eisdecke komplett geschlossen ist? Nutzen manche gar das Licht des Mondes, um ein wenig Stoffwechsel zu betreiben? Was geschieht genau, wenn das Licht im Frühjahr wiederkehrt, und wie interagiert das Leben in der Arktis mit dem Meereis? Und welche Auswirkungen haben die dramatischen Umweltveränderungen, wenn das Meereis schwindet und die Temperaturen im Ozean steigen?

Zwischen den polaren Lebensformen von groß bis winzig klein entspinnt sich ein sensibles Nahrungsnetz, eine enge Verkettung von Abhängigkeiten zwischen den Bewohnern des Arktischen Ozeans. Robben, selbst Leibspeise der Bären, gehen hier sogar während der Polarnacht auf Fischjagd. Polarfüchse und Seevögel überqueren die Eiswüste. Narwale jagen nach Polardorschen, die, wie viele Fische in Polarregionen, eine Art natürliches Frostschutzmittel im Körper haben, das verhindert, dass ihnen im eisigen Ozean das Blut gefriert. Derart angepasst, sind die Polardorsche bestes Beispiel für eine Lebensform, die nicht trotz, sondern dank des Eises überlebt. Und sie sind gewitzt: Diese Extremfische nutzen nicht nur in ihrer Kinder- und Jugendzeit die kleinen Löcher und Höhlen an der Unterseite des Eises, sondern steigen wahrscheinlich auch vor der sibirischen Küste in das Meereisvehikel ein, um sich mit der Transpolardrift einmal quer über den Arktischen Ozean bis in die Framstraße tragen zu lassen.

Der Polardorsch teilt sich seine liebste Nahrungsquelle wiederum mit Meeressäugern wie dem Grönlandwal, der das Wasser nach Zooplankton filtert: eine Welt kleinster Tiere in irrwitzigen Formen, darunter Krustentiere wie Ruderfußkrebse oder auch Flügelschnecken, die wegen ihres faszinierenden Aussehens auch Meeresengel genannt werden. Das Zooplankton wiederum futtert sich durch das Fundament des arktischen Nahrungsnetzes: die Mikroalgen. Die Sonne eröffnet dieses Buffet. Wenn nach der langen Polarnacht das erste Licht durch die Eisdecke schimmert, entzündet es den Lebensfunken in Meereis und Ozean, und inmitten dieser frostigen Welt beginnt die Algenblüte. Bereits mit dem zartesten Schein erwachen die Eisalgen, mikroskopisch kleine Kieselalgen, in den Solekanälen im und an der Unterseite des Eises. Sie sind eine der Hauptnahrungsquellen für das Leben in der Arktis. Wenn schließlich unter der aufsteigenden Sonne das Meereis schmilzt, fällt immer mehr Licht tiefer in die Wassersäule des Ozeans. Dann erwacht auch hier das Phytoplankton, im Wasser schwebende einzellige Algen, die Basis des Nahrungsnetzes der Meere schlechthin. Unter dem einfallenden Sonnenlicht nimmt das Phytoplankton zur Photosynthese Stoffe auf, verwertet sie und wächst daran – allen voran Kohlenstoffdioxid. Und davon nutzt es nicht gerade wenig: Dem Fleiß des Phytoplanktons ist es zu verdanken, dass die Weltmeere in der Lage sind, riesige Kohlenstoffdioxidmengen aufzunehmen. Diese winzigen Algen sind maßgeblich dafür verantwortlich, den Kohlenstoff unseres Planeten umzuwälzen und in den Meerestiefen zu versenken. Im Frühjahr und im Sommer wird die arktische Algenpracht farbenfroh offensichtlich, wenn sich die Schmelztümpel auf dem Eis strahlend türkis färben. Sobald sich Ruderfußkrebse und andere winzige Tiere des marinen Planktons an der Algenblüte weiden, stürzen sich auch die arktischen Fische auf diese Kleinstlebewesen – und im Licht des Polartags beginnt artenübergreifend das große Fressen.

Zooplankton, vom Tauchroboter Beast in verschiedenen Tiefen eingesammelt, wartet in der ROV-Oase auf die Auswertung.

Angesichts des schwindenden Meereises sind die Prognosen für Eisalgen und all jene Lebewesen, die von ihnen abhängen, auf lange Sicht eher düster. Anders ist es eventuell im Fall des Phytoplanktons. Die extremen Algenblüten sind vermutlich in den vergangenen Jahren durch das immer dünnere, von Schmelztümpeln durchlöcherte und schwindende Meereis überhaupt möglich geworden. Denn erst jetzt findet das Phytoplankton hier im Arktischen Ozean genügend lichtdurchflutete Zonen, um massenhaft zu gedeihen. Und dies, während seine Konzentration seit 1950 in den meisten anderen Meeren auf der ganzen Welt durchschnittlich um 40 Prozent zurückgegangen ist – eine alarmierende Entwicklung, wenn man bedenkt, dass mehr als die Hälfte des Sauerstoffs in der Atmosphäre keineswegs von Pflanzen an Land stammt, sondern vom marinen Phytoplankton. Jeder zweite Atemzug, den wir nehmen, ist mit Sauerstoff aus dem Meer gespeist. Was aber bedeutet dieses neuerdings buchstäblich florierende Algenleben für das fragile Öko- und Klimasystem der Arktis? Profitiert das Zooplankton von diesem reich gedeckten Tisch oder stört diese Folgeerscheinung des Klimawandels das Zusammenspiel zwischen Algenblüte und Tierwelt? Die Drift der Polarstern ermöglicht dem Forschungsteam Ökosystem, während der MOSAiC-Expedition genau zu erkunden, wie sich in einem vollständigen Jahreszyklus die globale Erwärmung auf das sensible Nahrungsnetz und auf die Bewohner der Arktis auswirkt.

Die Forschung des Teams Biogeochemie

Auf Spurensuche

Auch ein weiteres Team interessiert sich für die Algen und Mikroorganismen der Arktis – oder besser für das, was sie produzieren. Denn manche dieser Mikroorganismen nehmen über die Bildung von Gasen großen Einfluss auf das Klimasystem. Sie können gar für die Entstehung von Wolken mitverantwortlich sein. Solchen Zusammenhängen geht das Forschungsteam Biogeochemie nach und ist so ein wichtiges Verbindungsglied zwischen den anderen Forschungsschwerpunkten der Expedition. Ozean und Atmosphäre stehen in einem ständigen Austausch: Klimarelevante Gase wie Kohlenstoffdioxid oder andere sogenannte Spurengase wie die umweltschädlichen Halogene wechseln von der Luft ins Wasser und vice versa. Indem sie das Meereis schwinden lässt, sorgt die globale Erwärmung allerdings auch für immer häufigeren und umfangreicheren Kontakt zwischen Meer und Luft. Es liegt nahe, dass sich dadurch wiederum der Gasaustausch zwischen Ozean und Atmosphäre verändert. Diese Vorgänge müssen beobachtet und verstanden werden, um dann in die Klimamodelle einfließen zu können.

Das Phytoplankton der Meere reichert die Atmosphäre mit Sauerstoff an. Doch Algen sind auch in anderer Hinsicht Gasproduzenten. Sie setzen als Stoffwechselprodukt die chemische Verbindung Dimethylsulfoniumpropionat, kurz DMSP, frei. Bakterien verarbeiten dieses im Anschluss weiter zu Dimethylsulfid, eine Schwefelverbindung, die für den typischen Geruch des Meeres sorgt. Was dann passiert, wird in der Wissenschaft noch diskutiert. Möglich ist, dass dieses Gas im Arktischen Ozean gefangen bleibt, wenn Meereis das Wasser bedeckt. Fehlt die Eisdecke jedoch, steigt es in die Atmosphäre. Hier kann Dimethylsulfid wie ein Aerosol wirken, also wie ein Schwebepartikel in der Luft: Wasserdampf kondensiert an seiner Oberfläche, eine Wolke wird geboren. Wenn also durch die Veränderungen des Klimawandels mehr Algen wachsen, könnten diese letztlich für mehr Wolken sorgen, die wiederum das arktische Klima beeinflussen. Kurz gefragt: Machen Algen also Klima? Wenn ja, welches?

Nach Antworten auf solche Fragen suchen die Forscherinnen und Forscher der Biogeochemie. Sie entnehmen Wasserproben und analysieren ihre Gasbestandteile in den Laboren der Polarstern. Dabei spürt das Forschungsteam auch einem anderen, besonders wirkmächtigen Treibhausgas nach: Methan. Dieses Gas ist rund 25- bis 30-mal klimaschädlicher als Kohlenstoffdioxid. Es könnte zu gravierenden Veränderungen im Klimasystem führen und gilt deswegen als ‚Kippelement' – doch sind seine Auswirkungen in bisherigen Klimamodellen noch nicht ausreichend berücksichtigt.

Im Hinblick auf Methan begegnen die Forschenden in der Arktis einer komplexen Situation. Seine größten natürlichen Quellen sind die Feuchtgebiete und Permafrostböden in den hohen nördlichen Breiten, zum Beispiel in Sibirien und Kanada. Infolge der globalen Erwärmung tauen diese bis in die Tiefe hinein auf – und damit auch die Tier- und Pflanzenreste im Boden, die daraufhin von Mikroorganismen zersetzt werden. Das Resultat dieser Zersetzung ist wiederum, dass gigantische Mengen an Treibhausgasen freigesetzt werden, eben auch Methan. Von diesem gelangt ein Teil direkt in die Atmosphäre. Ein anderer Teil des Treibhausgases hingegen wird zum Beispiel über Flüsse, wie die großen Flüsse Sibiriens, in den Arktischen Ozean getragen. Das Methan wird dann gelöst im Meerwasser weitertransportiert – oder im Eis eingeschlossen, wenn das Meerwasser gefriert. Die Forscherinnen und Forscher der MOSAiC-Expedition verfolgen diese Spuren des Methans, indem sie sich ebenfalls mithilfe der Meereisdrift von der sibirischen Küste in die Zentralarktis tragen lassen. Dank der Daten, die sie auf ihrem monatelangen Weg sammeln, können sie besser verstehen, wie viel des klimaschädlichen Gases in Ozean oder Meereis verbleibt und wie viel letztlich in die Atmosphäre aufsteigt – Daten, mit denen wiederum die Kolleginnen und Kollegen vom Team Atmosphäre arbeiten können. Während also die Polarstern, arktische Lebewesen und Klimagase wie Methan zusammen mit dem Meereis durch das Polarjahr driften, haben die unterschiedlichen Forschungsteams an Bord die einmalige Gelegenheit, die vielfältigen und verzahnten Prozesse gemeinsam zu beobachten und zu diskutieren, um die Komplexität von Arktis und Klimasystem besser zu verstehen.

Oben: Mit Mit Eisbohrern gewinnen die Forschungsteams Eisbohrkerne, die für eine Vielzahl von Messungen benötigt werden. Häufig bricht dafür eine Gruppe mit Schneemobilen in den sogenannten Dark Sector auf. Hier darf statt des grellen weißen Kunstlichts nur Rotlicht zum Einsatz kommen, um die arktischen Organismen während der Finsternis der Polarnacht nicht zu beeinflussen. Zurück auf der Polarstern werden einige der Eisbohrkerne für physikalische Beobachtungen eingefroren aufbewahrt. Andere hingegen, die der Untersuchung von bestimmten Organismen wie Algen oder von Methan und anderen Gasen dienen, werden zerschnitten und geschmolzen.

Unten: Im Labor werden die Eisbohrkerne anschließend zum Beispiel auf ihre Temperatur geprüft (links) oder nach dem Schmelzen für verschiedene Laboranalysen aufgeteilt (rechts), etwa um die enthaltenen Nährstoffe zu analysieren oder die verschiedenen Arten von Organismen im Eis zu ermitteln. Auch diese Untersuchungen im Labor finden unter Rotlicht statt, um eine künstliche Stimulation der Organismen zu vermeiden.

Nacht
schicht

Forschung
bei 24 Stunden
Dunkelheit

Wie Raumfahrzeug und Raumfahrer erscheinen in der tiefen Schwärze der Polarnacht das Forschungsschiff und die Expeditionsteilnehmerinnen und -teilnehmer. Während die Menschen sich in die Kälteschutz- und Überlebensanzüge einpacken, hüllt sich die Polarstern in das Licht ihrer drei starken Scheinwerfer. In ihrem Schein zeigt sich das Eis in seinen bizarrsten Formen – und manchmal haben darin mit den Eisbären auch die wahren Herrscher dieser unwirtlichen Welt ihren Auftritt. Ob Schiffsscheinwerfer oder Stirnlampe: Stets ist es nur ein begrenzter Lichtkegel, der das Eis erhellt.

Tritt eine Gestalt in den Lichtschein, bis zur Unkenntlichkeit gegen die Kälte vermummt, bleibt den Menschen auf dem Eis oftmals nur die Frage „Wer bist du?“, um das Gegenüber zu identifizieren.

N

Nacht. nat. nuit. night. notte. 夜. noche. ночь. yö. natt. nacht. 夜. noc. 밤. natt.

Die Menschen, die an der Expedition beteiligt sind, kommen aus aller Welt und so haben sie viele Namen für die Dunkelheit, die sich Mitte November endgültig über das Eiscamp legt. Mit einer Mischung aus Respekt und wissenschaftlicher Neugier heißen sie die Polarnacht in ihren Sprachen willkommen. Ihnen ist bewusst, dass sie während des arktischen Winters einer Facette unseres Planeten begegnen, die bislang kaum erforscht ist.

Sechs lange Monate hält die Polarnacht den Nordpol in ihrem eisigen Griff. Ist die Sonne erst einmal hinter dem Horizont verschwunden, zieht sich auch das Dämmerlicht täglich weiter zurück und verabschiedet sich schließlich mit dramatischen Rottönen am Himmel. Die Zwielichtphasen beginnen mit der sogenannten bürgerlichen Dämmerung: Die Sonne verbirgt sich bis zu 6 Grad tief unter dem Horizont. Noch kann man an Deck lesen, ohne Licht anzuschalten. In der folgenden nautischen Dämmerung sinkt das Gestirn auf 6 bis 12 Grad, aber noch immer ist der Horizont zu erkennen. Schließlich setzt die astronomische Dämmerung ein. Die Sonne steht dann 12 bis 18 Grad unter dem Horizont und macht nun den hellen Sternen am Himmel keine Konkurrenz mehr. Mitte November schließlich wagt sich selbst das Zwielicht nicht mehr über den Horizont und wird am Nordpol bis Ende Januar auch nicht wiederkehren. Anders als an anderen Orten der Erde, wo die Nächte nie absolute Dunkelheit mit sich bringen, taucht die Polarnacht die Arktis bei wolkenverhangenem Himmel in kompromisslose Schwärze. So beschränkt sich die wahrnehmbare Welt der MOSAiC-Expedition in dieser Zeit auf einen Mikrokosmos, geschaffen von den mächtigen Scheinwerfern der Polarstern, die Schiff und Scholle in einen strahlenden Lichtkegel tauchen.

Ab und zu allerdings spendet ein anderer Himmelskörper der Arktis Helligkeit: der Mond. Silbrig und grau wird dann das Mondlicht vom Meereis reflektiert, und zugleich versetzt die Anziehungskraft des Erdtrabanten das Eis immer wieder in Bewegung. Durch ein plötzliches Krachen und Knarzen kündigt es sich oftmals an, gefolgt von Poltern und Bersten, auch Kreischen und Stöhnen. Wo gerade noch scheinbar massive Eisebenen ruhten, tun sich innerhalb weniger Minuten Risse auf, brechen Eisfelder und driften auseinander. Andernorts schieben sich unter der Macht des Vollmonds die Eismassen zu gewaltigen, meterhohen Presseisrücken zusammen. Minutenlang donnern diese Bewegungen des Eises durch die Dunkelheit, sie zerren und drücken auch am Rumpf der Polarstern und bringen das Schiff zum Dröhnen. Dann verfällt die Arktis wieder in eisige Stille – und eine von den Naturgewalten umgestaltete Welt liegt vor den Augen der Forscherinnen und Forscher. Nicht selten gilt es nach Vollmondnächten und Stürmen, im Eiscamp aufzuräumen: Stromkabel aus den Presseisrücken zu retten oder abgebrochene und abtreibende Campteile umzusetzen. Insbesondere zu Beginn und am Ende der Polarnacht kommt es vor, dass Schollenteile abbrechen und sich ganze Stadtteile verschieben. Nur mit Kajaks oder Helikoptern sind dann Stationen wie die ROV-Oase zu erreichen, bis Geräte und Schutzzelte an eine neue, stabilere Stelle umgezogen sind.

Trotz aller Herausforderungen verlieben sich viele Expeditionsteilnehmerinnen und -teilnehmer in den Anblick der arktischen Nacht. In der Schwärze strahlen die künstlichen Lichtquellen in einer brillanten Intensität. Die eigentlich lichtlose Welt macht Farben zur raren Kostbarkeit. Rot leuchten die Kälteschutzanzüge der Personen auf dem Eis, wenn sie von den Stirnlampen ihrer Kollegen angeleuchtet werden – Lichtkegel, die auf dem Eis in begrenztem Rahmen Sicht und Handlungsspielraum gewähren. Für die Augen, die bei den Extremtemperaturen hinter Schutzbrillen verborgen werden müssen, um sie und die umliegende Haut nicht dem Windchill und der Gefahr der Erfrierung auszusetzen, ist jeder Aufenthalt auf dem

Eis eine Herausforderung – wie für den Rest des Körpers, der gegen die äußere Kälte geschützt werden muss, aber bei anstrengenden Arbeiten unter all den Lagen auch ins Schwitzen gerät.

Nicht nur auf die Außenwelt hat die Dunkelheit große Wirkung, sondern auch auf das Innenleben ihrer menschlichen Besucher. In den Wintertagen spüren viele, wie sehr der menschliche Organismus vom Licht abhängt. Der Biorhythmus gerät durcheinander, Müdigkeit und Schlappheit sind häufige Folgen. Einige Passagiere der Polarstern kämpfen hingegen mit Schlaflosigkeit, sobald sie sich in die Kojen legen. Nansens Tagebuch *In Nacht und Eis*, verfasst während der langen Tage und Nächte der Fram-Expedition, wird vielleicht zum meistgelesenen Werk während der wochenlangen Abwesenheit der Sonne. Mit Vitamin-D-Supplementen und intensivem Sportprogramm im Fitnessraum oder im kleinen Schwimmbad der Polarstern wirkt das Team ebenso dem Einfluss der Nacht entgegen wie mit Tageslichtlampen. Letztlich ist es jedoch vor allem Schokolade, die bei vielen Teilnehmerinnen und Teilnehmern wohldosiert gegen den Polarnachtblues zum Einsatz kommt. Überhaupt bieten vor allem die Mahlzeiten in der Eintönigkeit der Dunkelheit die nötige Orientierung im Tagesverlauf. Während der Biorhythmus versagt, ist auf das Kombüsenteam Verlass, das mit präziser Regelmäßigkeit die Mittagszeit verkündet. Die innere Uhr tickt an Bord nicht mehr nach dem Licht, sondern schlägt regelmäßig zur Essenszeit.

Zugleich bringen die Wintertemperaturen die installierten Messinstrumente an ihre Grenzen. Der Windchill lässt selbst bestpräparierte Sensoren vereisen, einige Bojen des weitverzweigten autonomen Netzwerks fallen Kälte und Eisbewegungen zum Opfer. Eigentlich flexible Materialien wie Plastik brechen in der frostigen Luft einfach entzwei. Es bedarf mancher Raffinesse und einigen Improvisationstalents, um Geräte wieder zum Laufen zu bringen. Letztlich halten aber auch die Widrigkeiten der Polarnacht die Instrumente nicht davon ab, die bisherigen Rätsel und Unbekannten des arktischen Winters in auswertbare Daten zu übersetzen. Ein kontinuierlicher Strom zukünftiger Erkenntnisse fließt in die Datenbanken der Forscherinnen und Forscher. Noch während der dunklen Monate wird klar: Alle Anstrengungen haben sich gelohnt, die Expedition erntet in Fülle die Grundlagen für neues Wissen, um das arktische und das globale Klimasystem künftig besser zu verstehen.

„In der Zeit der Polarnacht wurde deutlich, dass wir nur ein ganz, ganz kleiner Punkt in den Weiten der Arktis sind." Kapitän Stefan Schwarze

Mitte November wird die Expedition erstmals von einem starken Sturm überrascht – ein erster Höhepunkt für die Forschenden, denn noch nie zuvor bestand die Chance, die Auswirkung eines Sturms auf das Klimasystem der Arktis umfassend zu beobachten. Die Naturgewalten bringen Bewegung ins Eis. Erfindergeist ist gefragt, um die Eisrücken, die der Sturm entstehen lässt, sicheren Fußes zu überqueren, denn jeder Schritt auf dem frisch aufgetürmten Schnee und Eis birgt das Risiko, ins Unbekannte zu treten. Die hölzernen Nansen-Schlitten erweisen sich als zuverlässige Behelfsbrücken.

Das Sicherheitsregiment während der Expedition ist strikt. Ohne bewaffnete Begleitung, die Bärenwächter und Bärenwächterinnen, darf niemand auf dem Eis zugange sein. Zu ihrer Ausrüstung gehören Signalpistolen, die mit knallenden und leuchtenden Geschossen Eisbären zuverlässig vertreiben, aber auch scharfe Waffen. Nur wenn ein Menschenleben in Gefahr ist, dürften sie auf eines der Tiere abgefeuert werden. Damit auf die Funktionstüchtigkeit der Waffen absoluter Verlass ist, überprüft Olaf Stenzel in der gut gesicherten Waffenkammer der Polarstern die Gewehre. Die jahrzehntelange Erfahrung des Polizeibeamten aus Bremerhaven ist unter den lebensfeindlichen Bedingungen der Arktis von unschätzbarem Wert.

Mit über 100 Stundenkilometern jagt der Wind an diesem Tag über die Polarstern und das Eiscamp hinweg. Die Sicht im Schneegestöber geht gegen null. Dennoch müssen immer wieder Bergungsteams ausrücken, um die mühsam ausgebrachten Gerätschaften vor den Naturgewalten zu retten. Verena Mohaupt (links) und Audun Tholfsen durchtrennen ein Elektrokabel, um zu verhindern, dass das Eis nicht nur das Kabel, sondern auch die wertvollen, mit ihm verbundenen Instrumente mit sich reißt. Ersatz käme frühestens mit dem nächsten Austauschteam – wenn überhaupt.

In erstaunlicher Geschwindigkeit hat sich ein breiter Riss im Eis aufgetan. Wie ein Fluss zerteilt er die Scholle – und damit auch das Forschungscamp. Mit einem Kajak machen sich zwei Mitglieder des Teams auf ans etwa 30 Meter entfernte andere Ufer. Sie müssen kontrollieren, ob dort die Stationen des Camps vom Sturm in Mitleidenschaft gezogen wurden.

Die Bewegungen des Eises lassen in diesen Tagen nicht nach. Ocean City mit dem runden, blauen Zelt gerät mehr und mehr in Bedrängnis. Schließlich fällt die Entscheidung, Ocean City zu evakuieren und alle Instrumente zu bergen, um sie nicht an Eis und Meer zu verlieren. Die deutsche Logistikexpertin Verena Mohaupt und der norwegische Bärenwächter Audun Tholfsen sind als Bergungsteam mittlerweile bestens eingespielt. Es wird nicht das letzte Mal sein, dass das Expeditionsteam ganze Forschungsstationen umsetzen muss.

Links oben: Die hellen Scheinwerfer der Polarstern tauchen die Umgebung des Schiffs in scharfe Kontraste.

Links unten: Zwei Teilnehmerinnen graben ein Kabel aus dem Schnee, das durch die Dynamik der Schollen verloren zu gehen droht.

Die Bärenwächterinnen und Bärenwächter stehen oft stundenlang unbeweglich auf der Scholle, den Blick konzentriert in die Weite gerichtet. Selbst die beste Ausrüstung kann den schneidenden arktischen Wind nicht dauerhaft abhalten und die Kälte kriecht dann tief in die Knochen. Bärenwächter Gaute Hermansen errichtet deswegen einen Windschutz aus gefrorenen Schneeblöcken. Die Schutzwand macht die lange, kalte Wacht wesentlich erträglicher.

Ozeanforschung und Klimawandel

Blicke in die Tiefe

Tiefschwarz öffnet sich neben der Polarstern ein Fenster in die Tiefe. Rund 4000 Meter können die Wissenschaftlerinnen und Wissenschaftler durch dieses Bohrloch im Eis Messinstrumente hinablassen und Wasserproben einholen – bis zum Meeresgrund. Nansen hatte die Tiefe des Nordpolarmeeres erstmals während der Fram-Expedition vermessen, spätere Expeditionen hatten dem Arktischen Ozean vor allem in den Sommermonaten zahlreiche Daten abgerungen. Bis die MOSAiC-Expedition nun ins Eis aufbrach, war der Ozean in der Winterzeit für die Wissenschaft allerdings ein großes Rätsel, beinahe so schwarz und tief wie das Meerwasser selbst. Umso mehr wertvolle Daten holt das Forschungsteam Ozean nun durch das Eisloch neben der Polarstern ein. Dazu kommen weitere Messinstrumente in Ocean City, dem Campbereich von Team Ozean, und zahlreiche Bojen, die weitverteilt um die Polarstern driften: ein Stationsnetzwerk, mit dessen Hilfe die Forscherinnen und Forscher sich Einblicke in die hochkomplexe Welt des Arktischen Ozeans verschaffen. Gemeinsam mit den anderen Expeditionsteams erkunden sie die Interaktionen zwischen Ozean, Meereis und Atmosphäre, darunter auch den Einfluss des Ökosystems und den Austausch von Gasen. Sie erforschen die Strömungen in der Tiefe und die vielfältigen Vorgänge in der Wasserschicht an der Oberfläche, aus der das Meereis geboren wird. Sie erstellen Strömungsprofile, vermessen Temperatur und Salzgehalt und jagen nach Wasserwirbeln, die Nährstoffe, aber auch wärmeres Wasser durch das Meer transportieren.

Die Verbindung zwischen dem Meer in der zentralen Arktis und dem Klima und Wetter in den mittleren Breiten ist enger, als man gemeinhin annehmen würde. Der Arktische Ozean, auch Nordpolarmeer genannt, ist der Zwerg unter den Ozeanen der Welt, wenngleich er mit 14 Millionen Quadratkilometern immer noch weitaus größer ist als Europa. Dennoch ist sein Einfluss auf das Klimasystem der Erde enorm. Im Arktischen Ozean und in seinem antarktischen Gegenüber kühlen sich die Meeresströmungen der Welt. Diese Strömungen transportieren nicht nur gigantische Wassermassen über den Planeten, sondern auch große Mengen an Wärmeenergie. Für die Regionen nördlich des Äquators etwa wirkt diese Ozeanzirkulation wie eine Art Fernwärmezufuhr. Bestes Beispiel ist der Golfstrom, dem Europa seine angenehmen Temperaturen verdankt. Und das, obwohl wir uns hier eigentlich bereits auf Breitengraden befinden, die uns viel kühleres Klima bescheren müssten: Würde der Golfstrom nicht die Wärme aus den äquatornahen Regionen in den Norden befördern, wäre Europa durchschnittlich 5 bis 10 Grad kälter und um einiges karger. Weltweit sorgt die Zirkulation der Ozeane dafür, dass das Temperaturgefälle zwischen dem Äquator und den Polen deutlich abgemildert wird. Das macht die Meeresströmungen zu besonders wichtigen und vor allem ausgleichenden Faktoren im Klimasystem der Erde.

In der jüngeren Vergangenheit musste die Ozeanforschung einige der größten Auswirkungen des menschengemachten Klimawandels dokumentieren. Zugleich stellte man fest, dass der Klimawandel die Erde ohne die Ozeane längst viel stärker im Griff hätte, denn die Meere sind die gigantischen Wärme- und Kohlenstoffspeicher unseres Planeten. Sie absorbieren über 93 Prozent der Wärmeenergie, die durch den vom Menschen verursachten Treibhauseffekt entsteht. Seit den 1970er-Jahren wird die Ozeantemperatur sorgfältig dokumentiert, und so zeigt sich heute eine Art Fieberkurve des Meerwassers: In den oberen 75 Metern beträgt der globale Trend für diesen Zeitraum ein Plus von 0,11 Grad Celsius pro Jahrzehnt. Das scheint zunächst nicht viel, und dieser Temperaturanstieg bringt Fische und andere Meeresbewohner auch nicht buchstäblich zum Schwitzen. Doch für den Stoffwechsel vieler Meerestiere bedeutet diese Erwärmung eine große Belastung, mit bedrohlichen Konsequenzen für manche Arten, zum Beispiel Korallen. Auch kann der Temperaturanstieg lokal deutlich über diesem globalen Mittelwert liegen. Erwärmt sich das Wasser, gerät die Biodiversität der Meere in Gefahr.

Zudem erzeugt die Meereserwärmung ein weithin bekanntes Problem, mit dem die weltweit rund 680 Millionen Küstenbewohner und 65 Millionen Menschen in kleinen, oftmals armen Inselstaaten immer stärker konfrontiert sind: Der Anstieg der Meeresspiegel hat sich seit den frühen 2000er-Jahren stark beschleunigt. Wärmeres Wasser dehnt sich nicht nur aus und steigt so die Küsten empor, es unterstützt gerade auch in den Polarregionen einen Schmelzeffekt, der zu noch höheren Meeresspiegeln führt. Beispielhaft zeigt sich dieser Effekt in der Framstraße, auf die die Polarstern während ihres Expeditionsjahres zudriftet: Dieser Seeweg zwischen Grönland und Spitzbergen ist eine der Hauptadern der Ozeanströmungen in die und aus der Arktis. Seit den späten 1990er-Jahren ist hier die Temperatur des Wassers, das Richtung Norden fließt, um rund ein

Nicht nur in Ocean City, sondern auch direkt neben der Polarstern klafft ein großes Loch im Eis. Gute Zusammenarbeit zwischen Wissenschaft und Schiffscrew war nötig, um es anzulegen. Mithilfe des Schiffskrans wurden die massiven Eisblöcke aus der Scholle gehoben. Hier wird ein noch größeres Exemplar einer CTD-Rosette ins Wasser hinabgelassen, um den Ozean bis auf den Meeresgrund in rund 4000 Metern Tiefe zu erforschen.

Grad gestiegen. Diese wärmeren Wassermassen treffen auch auf die grönländischen Gletscher – und schmelzen ihnen gewissermaßen die Basis weg. Sollte die Menschheit ihren Ausstoß an Treibhausgasen nicht drastisch einschränken und so die Folgen des Klimawandels verringern, prognostiziert der Weltklimarat einen Anstieg des globalen Meeresspiegels um durchschnittlich 60 bis 110 Zentimeter bis zum Ende dieses Jahrhunderts.

Es ist aber nicht nur Wärme, die von den Meeren geschluckt wird. Die Ozeane nehmen mehr als ein Viertel des Kohlenstoffdioxids auf, das die Menschen durch Verkehr und Industrie in die Atmosphäre jagen. Auch dies bewahrte uns bislang vor noch massiveren Auswirkungen des Klimawandels. Doch zu einem hohen Preis: Die immensen Mengen an Kohlenstoffdioxid verschieben das chemische Gleichgewicht im Meerwasser. Während der Kohlenstoffdioxidwert steigt, sinkt der pH-Wert: Die Meere ‚versauern'. Bis heute ist der Säuregehalt des Meerwassers bereits um 30 Prozent gestiegen und laut Prognosen könnte er bis zum Jahr 2100 sogar um 100 bis 150 Prozent ansteigen. Längst gilt die Ozeanversauerung als Zwilling der globalen Erwärmung – und mittelfristig als nicht minder fatal. Denn sie bedroht das Leben und die Nahrungsnetze im Meer. Da kaltes Wasser Kohlenstoff sehr gut bindet, sind die Polarmeere wiederum besonders betroffen. Allen voran sind jene marinen Lebensformen in Gefahr, die sich in Kalkschalen kleiden: Sie haben zunehmend Schwierigkeiten, den dafür nötigen Kalk zu bilden. Unter den gefährdeten Arten sind die Flügelschnecken. Diese elegant im Wasser schwebenden Winzlinge gehören zum Zooplankton und damit zum Mittelbau des Nahrungsnetzes der Meere. In der Arktis versorgt das Zooplankton über Fische und Seevögel auch Robben, Eisbären, Wale und schließlich auch den Menschen. Die zunehmende Versauerung macht die feinen Schalen der Flügelschnecken dünn. Teilweise entstehen ganze Löcher in ihrem schützenden Gehäuse.

Lebewesen wie die Flügelschnecke sind eigentlich bestens an die extremen Umweltbedingungen der Arktis angepasst. Aber dieses fragile Ökosystem hängt auch davon ab, dass die Meeresströmungen aus den benachbarten Ozeanen Nährstoffe herbeitragen. So sehen sich die Forscherinnen und Forscher der MOSAiC-Expedition die Meeresströmungen und das, was sie mit sich tragen, genau an, ebenso die Wärme- und Salzverhältnisse. Noch gehören die komplexen Wärmeflüsse in der Arktis zu den offenen Forschungsfragen. Doch fest steht: Die warmen Wassermassen, die in der Tiefe aus Atlantik und Pazifik ins Nordpolarmeer strömen, wären durchaus in der Lage, das arktische Meereis vollständig zum Schmelzen zu bringen. Für gewöhnlich findet allerdings die Wärme aus der Tiefe ihren Weg nicht nach oben zum Eis. Ein Grund dafür ist, dass der Arktische Ozean über eine ausgeprägte Wasserschichtung verfügt. Unterschiede in Salzgehalt und Dichte trennen die verschiedenen Wassermassen. Besonders die obere Wasserschicht interessiert die Forscherinnen und Forscher, denn hier findet das faszinierende Zusammenspiel von Ozean und Meereis im Rhythmus der Jahreszeiten statt: ein ständiger Reigen von wechselnden Aggregatzuständen, mit großer Wirkung auf das arktische Klimasystem.

In Berührung mit der frostigen Atmosphäre kühlt das Oberflächenwasser auf bis zu minus 1,8 Grad Celsius ab. Sein Salzgehalt verhindert zunächst das Gefrieren. Doch wird es noch kälter, bildet sich schließlich Meereis – wobei das meiste Salz ins Meerwasser abgegeben wird. Meereis ist also sehr viel süßer als der Ozean selbst, und unter der Eisdecke bildet sich eine besonders salzige Wasserschicht. Vom Salz beschwert, sinkt diese schließlich tiefer, und bringt so Bewegung in die obere Wasserschicht. Wenn das Meereis aber schmilzt, legt sich eine leichtere Schicht an süßerem Wasser auf den Arktischen Ozean. Infolge des Klimawandels ist das Nordpolarmeer insbesondere nahe seiner Oberfläche immer süßer geworden: Zum einen, weil eben immer mehr Meereis schmilzt, zum anderen weil die sibirischen Flüsse große Mengen an Süßwasser in die Arktis spülen, gespeist von immer häufigeren und stärkeren Niederschlägen. Und genau diese süßere Wasserschicht, so lautet eine Vermutung der Forscherinnen und Forscher, könnte wiederum dazu beitragen, dass das Meereis im Sommer noch stärker und schneller schmilzt. Die Konsequenz: Die eisige Trennschicht zwischen Atmosphäre und Ozean verschwindet und im monatelangen arktischen Sommer trifft die Sonnenstrahlung direkt auf den offenen Ozean. Dessen dunkles Wasser absorbiert die Lichtenergie fast vollständig und treibt die Erwärmung des Nordpolarmeers und das weitere Schmelzen des arktischen Meereises noch weiter voran – mit gravierenden Folgen für das Klimasystem der Erde.

Schicht wechsel

Ablösung am Nordpol

Mitte Dezember 2019 steht die Ablösung des ersten Expeditionsteams an. Wird der Austausch von rund hundert Personen und Fracht inmitten des Meereises gelingen? Die Crews an Bord der Polarstern und des russischen Versorgungseisbrechers Kapitan Dranitsyn sind gespannt, doch der Austausch verläuft nach Plan. Einige Tage später tritt das Team des ersten Fahrtabschnitts die Heimreise an. Die Stimmung schwankt zwischen Sehnsucht nach Zuhause und Wehmut. Sechzehn Reisetage bleiben dem Team, das nach Monaten im Eis eng zusammengewachsen ist, noch bis zur endgültigen Heimkehr. Während dieser Zeit arbeitet sich die Kapitan Dranitsyn langsam durch Nacht und Eis voran, mit monotonen Bewegungen und rhythmischen Maschinengeräuschen. Die Wissenschaftlerin Maria Josefa Verdugo beobachtet die hypnotische Monotonie von der dunklen Brücke der Kapitan Dranitsyn.

Nur die Polarstern selbst ist noch näher an der Heimat des Weihnachtsmanns, als das Team die Feiertage auf der Rückreise gen Süden verbringt. Zu Weihnachten wird gewichtelt – mit Geschenken, die schon im September die Reise in die Arktis angetreten haben und nun endlich zum Einsatz kommen. Die Stimmung ist gut, wenngleich, wie beim Wichteln üblich, wohl nicht jedes Geschenk den Geschmack der Beschenkten trifft. Für dieses Event schaut der Weihnachtsmann dann doch persönlich auf dem Versorgungseisbrecher vorbei.

E

Entschlossen kämpft sich der russische Eisbrecher Kapitan Dranitsyn im Dezember 2019 durch das Eis voran. Sein Ziel ist die Polarstern, die zu diesem Zeitpunkt bereits seit mehr als zwei Monaten mit dem Meereis driftet.

In den Frachträumen der Kapitan Dranitsyn lagert Proviant: Haltbares wie Mehl und Konserven, frische Früchte und Gemüse, aber auch Nahrungsmittel wie Chips, Schokolade und Bier, die eher für das seelische Wohl des Expeditionsteams wichtig sind. Geladen hat der Eisbrecher zudem wissenschaftliche Geräte und Material, das vom Team auf der Eisscholle für Reparaturen bestellt wurde. Vor allem aber befinden sich rund hundert weitere Expeditionsteilnehmerinnen und -teilnehmer an Bord: das neue Team, das den Staffelstab auf der Polarstern übernimmt – und die bevorstehende ‚Nachtschicht'. Denn das Team des zweiten Fahrtabschnitts, der Mitte Dezember 2019 beginnt, startet in die dunkelste und kälteste Phase der Expedition. Die Kapitan Dranitsyn bringt es hinein in den arktischen Winter.

Die Drift der Polarstern verläuft in so abgelegenen Regionen, dass selbst Satellitenverbindungen zwischen Schiff und Land nur eingeschränkt funktionieren. So sind die regelmäßig geplanten Versorgungs- und Austauschfahrten nur mit einer ausgefeilten logistischen Choreografie möglich, um in Abständen von einigen Monaten das Team aus Wissenschaftlern, Logistikerinnen und Schiffscrew auszuwechseln. Die MOSAiC-Expedition blickt auf eine Dekade akribischer und komplexer Planung zurück. Verschiedene Alternativpläne liegen in den Schubladen bereit, um Versorgung und Austausch in jedem noch so widrigen Fall zu gewährleisten. Dennoch zeigt sich auch während der MOSAiC-Expedition, wie sehr jede Polarerkundung von den Naturgewalten abhängt und wie sich die beste Planung einer so umfangreichen Mission mit dieser höheren Gewalt messen muss. Und so stellt sich bei jeder Versorgungsfahrt die Frage: Wird der Austausch von Personal und Fracht nach Plan verlaufen?

Bereits bei ihrer ersten Versorgungsfahrt gerät die Kapitan Dranitsyn an die Naturgewalten. Ein Orkantief wütet über der Barentssee, und so wartet das Schiff in einem Fjord für einige Tage auf besseres Wetter – eine Verzögerung, auf die die Zeitpläne der Polarexpedition vorbereitet sind. Schließlich, nach gut zwei Wochen Fahrt, erspäht das Team auf der Kapitan Dranitsyn die hellen Lichter der Polarstern am Horizont. Vorsichtig, um Scholle und Eiscamp nicht zu beschädigen, manövriert sich der russische Versorgungseisbrecher an die Seite der Polarstern.

In den folgenden fünf Tagen ist wieder einmal Hochbetrieb in der Arktis: Tonnenweise Ladung wird teilweise mit Muskelkraft über das Eis getragen, teilweise mit den mächtigen Kränen direkt von Schiff zu Schiff gehievt. Minus 30 Grad Celsius herrschen bei diesen Manövern, und so ist Eile geboten bei Fracht, die nicht einfrieren darf. Zugleich wird das neue Team von den Kolleginnen und Kollegen in die Arbeits- und Sicherheitskonzepte im Forschungscamp eingewiesen. Wo befindet sich welches Instrument? Wie verlaufen die Straßen auf der Scholle? Und welche Erfahrungen gibt es mit Eisbärbesuch? Anders als das erste Team hat das neue niemals Gelegenheit, die Scholle bei Licht zu erkunden. Die Neuankömmlinge müssen lernen, sich in der Dunkelheit der Polarnacht auf dem Eis zurechtzufinden. Auf die Augen allein ist dabei kein Verlass, doch technische Hilfsmittel wie Laserscanner und Infrarotkameras machen es möglich, bei engmaschigen Helikopterflügen über das Eis eine genaue Karte von dieser Schollenlandschaft anzulegen.

Als die Wissenschaftlerinnen und Logistiker, Bärenwächterinnen und Crewmitglieder, die vor Monaten in die Arktis aufgebrochen sind, schließlich an Bord der Kapitan Dranitsyn gehen, empfinden viele eine Mischung aus Sehnsucht und Wehmut. Die Freude auf zu Hause wächst – und zugleich fällt es vielen schwer, die Polarstern und die sorgfältig gewarteten Messinstrumente im Eis zurückzulassen. Zu Hause werden nicht wenige die Normalität der Zivilisation als Überforderung empfinden: Das bunte Angebote im Supermarkt wird ihnen als Zuviel erscheinen, ebenso die Menschenmengen in den Innenstädten. Nicht wenige werden sich zurücksehnen in die unwirtliche Weite der Arktis.

Der erste Austausch gelingt bestens. Während des weiteren Verlaufs wird die Expedition allerdings mit immer größeren Herausforderungen konfrontiert, die den Organisatoren alles abverlangen und ihnen zu den bestehenden Alternativplänen auch gänzlich neue Erwägungen abringen – und das in kürzester Zeit.

Als im Februar 2020 die Kapitan Dranitsyn erneut zum Austausch ins Eis startet, trifft sie auf eine wesentlich schwierigere Eissituation: Ausgerechnet das Meereis, das durch den Klimawandel mehr und mehr schwindet, bremst die Fahrt des russischen Eisbrechers in Richtung Nordpol. Zwar verhindert die globale Erwärmung zunehmend, dass sich dickeres mehrjähriges Meereis bildet – jenes mächtige Packeis, das einstmals so manches Expeditionsschiff einschloss und zerstörte. Doch in der neuen Arktis stapelt und drückt der Wind die dünneren und kleineren Eisschollen nun zu mächtigen Presseisrücken aufeinander. Wo dieses Eis dann bis zu 4 Meter aus dem Wasser ragt, gibt es für die Kapitan Dranitsyn kaum noch ein Durchkommen – denn im Wasser reichen die Eismassen oftmals bis zu 20 oder sogar 30 Meter in die Tiefe. Immer wieder versperren diese schwimmenden Massive dem Schiff den Weg, das sich nur mühsam durch die sich ständig verändernden Eisrinnen vorwärts kämpfen kann.

Schließlich jedoch gelingt dem russischen Kapitän Alexandr Erpulev eine nautische Meisterleistung. Bis auf knapp einen Kilometer steuert er am 28. Februar 2020 die Kapitan Dranitsyn an die Polarstern heran und damit durch den arktischen Winter bis fast an den Nordpol. Während der russische Eisbrecher dabei auf seinem Weg die Marke 88°28′ Nord erreicht, bricht er nicht nur erfolgreich durch die schwierigen Eisverhältnisse der neuen Arktis, sondern auch einen Rekord: Nie zuvor hat es ein Schiff aus eigenem Antrieb so früh im Jahr so weit in den Norden geschafft. Allerdings hat auch die Polarstern mittlerweile einen Rekord aufgestellt: Sie ist bis auf eine Position von 88°36′ Nord gedriftet – und damit nur noch 156 Kilometer vom Nordpol entfernt. Nie zuvor war ein Schiff im arktischen Winter so weit im Norden.

Wegen der Distanz zwischen den Schiffen kommen beim Austausch von Crew und Material diesmal Schneemobile und die großen Pistenraupen zum Einsatz. Im Wind sinkt die gefühlte Temperatur auf bis zu minus 58 Grad Celsius und macht diesen Umzug nicht nur zur körperlichen Herausforderung, sondern auch zur planerischen: Beheizte Container sind vonnöten, um das ersehnte frische Obst und Gemüse unbeschadet auf die Polarstern zu bringen. Die breite Fahrrinne, die die Kapitan Dranitsyn ins Eis geschnitten hat, friert innerhalb nur eines Tages wieder zu.

Während der Austausch in der Arktis noch in vollem Gange ist, startet in Russland mit der Admiral Makarov ein weiterer Eisbrecher, um der Kapitan Dranitsyn entgegenzufahren. Denn die massive Anstrengung, bis zur Polarstern durchzubrechen, hat ihre Treibstoffreserven aufgezehrt. Noch im Eis kommt es zum Rendezvous zwischen den beiden Eisbrechern, die Kapitan Dranitsyn wird betankt und kann so ihren Weg nach Norwegen fortsetzen. Als sie schließlich mit mehr als drei Wochen Verzögerung am 31. März 2020 in Tromsø einläuft, kehren die Expeditionsteilnehmerinnen und -teilnehmer nach Monaten nicht nur zurück ins Tageslicht, sondern auch in eine unerwartet veränderte Welt.

„Während der MOSAiC-Expedition erlebte ich die völlige Dunkelheit der zentralen Arktis, die Abgeschiedenheit von der Zivilisation und frostige Minusgrade. Das alles kann eine Herausforderung für Arbeit und Leben sein. Aber zugleich ist die Arktis einer der schönsten Orte, an denen ich je gewesen bin, und die Expedition eine meiner denkwürdigsten Erfahrungen. Zu wissen, dass ich zu den wenigen Menschen weltweit gehöre, die je einen Fuß auf das sich schnell entwickelnde arktische Meereis gesetzt haben, ist etwas ganz Besonderes."

Jessie Creamean,
Wissenschaftlerin

Das Team des zweiten Fahrtabschnitts verbringt Weihnachten auf der driftenden Polarstern. Die Frauen und Männer der ersten Expeditionsetappe hingegen fahren während der Feiertage auf dem russischen Eisbrecher Kapitan Dranitsyn bereits gen Norwegen und hinein ins Jahr 2020. In der Messe der Kapitan Dranitsyn sorgt Weihnachtsschmuck für festliche Stimmung.

Die Teilnehmerinnen und Teilnehmer aus aller Welt haben an Bord Gelegenheit, so manche typische und charmante Eigenart aus den unterschiedlichen Kulturen und Ländern zu erleben. Eisforscher Jari Haapala bleibt der finnischen Tradition treu und geht täglich in die Sauna. So lernen die anderen auch den finnischen Saunagruß „Hyviä löylyjä!“ kennen, der so viel bedeutet wie „Guten Dampf!“

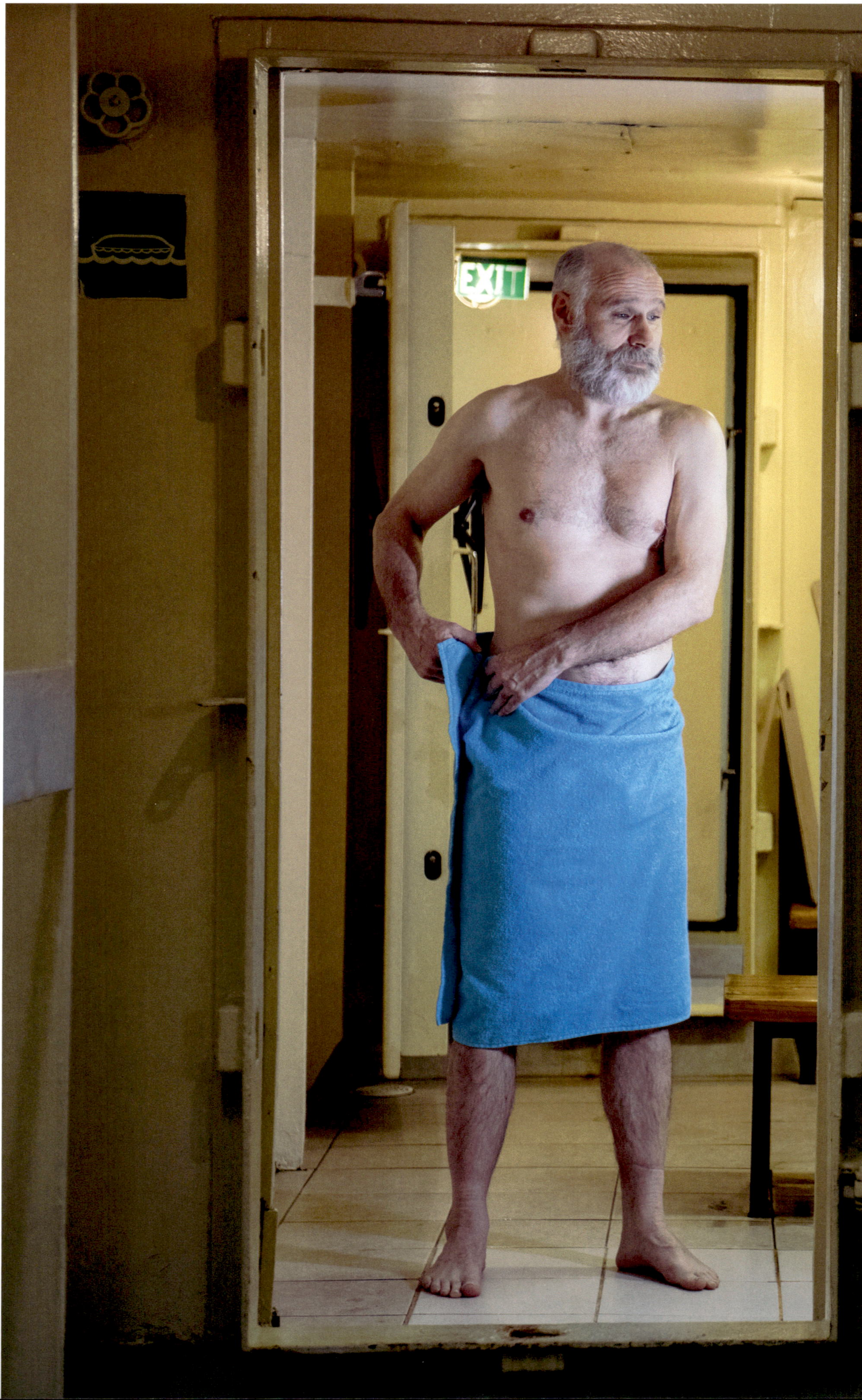

Бассейн
пустой

Die Dunkelheit der Polarnacht ist von unendlicher Faszination

Mehrere Monate verbrachte Esther Horvath als Expeditionsfotografin auf dem Eisbrecher Polarstern in der Nähe des Nordpols. Kaum eine Region lässt sich so schwer fotografisch einfangen, täglich waren die Fotografin und ihre Kamera extremer Kälte ausgesetzt. Ein Gespräch über das einzigartige arktische Licht, einen nähenden Helikopterpiloten und Eisbärenbesuche in der Polarnacht.

Wie würdest du die MOSAiC-Expedition in einem Bild beschreiben?
Es gibt eine Szene, die mir immer vor Augen kommt, wenn ich an die Expedition denke: Drei Wissenschaftler kehren eines Abends von ihren Messungen auf dem Eis durch den Sturm zurück zur Polarstern. Es ist fast komplett dunkel, nur vom Schiff kommt etwas Licht. Außerhalb dieses Lichtstrahls ist nur Dunkelheit. Diese Dunkelheit, kombiniert mit Stürmen, beschreibt sehr gut unseren Alltag auf dem Eis während der Polarnacht.

Du warst fast vier Monate in der Arktis. Wie hast du dich auf diese Expedition vorbereitet?
Jede Expedition braucht eine gute Vorbereitung. Ich war schon mehrere Male in den Polarregionen, aber ich habe mich noch nie so intensiv vorbereitet wie für die MOSAiC-Expedition. Schon ein gutes halbes Jahr vorher drehte sich für mich fast alles darum. Wie die anderen Teilnehmer habe ich Vorbereitungstrainings absolviert. Das hat mir sehr viel Sicherheit gegeben. Wenn zum Beispiel jemand ins Wasser gefallen wäre, hätte ich gewusst, wie ich hätte reagieren müssen. Während der Expedition waren wir dank der Vorbereitung sehr sensibilisiert für mögliche Gefahren. Während dieser Trainings konnte ich mich auch mental sehr gut auf die Expedition vorbereiten.

„Ich habe mich sehr in dieses Licht verliebt. Es ist keine eintönig weiße Landschaft. Wenn sich Sonne und Wolken bewegen, ändern sich damit oft auch die Farben im Eis." **Esther Horvath**

MOSAiC war nicht deine erste Expedition in die Arktis. Was war für dich dieses Mal aus fotografischer Sicht anders als sonst?
Während meiner früheren Expeditionen in die Arktis war es oft 24 Stunden am Tag hell. Die Polarnacht habe ich zuvor noch nie erlebt. Dabei liebe ich es, in der Dunkelheit zu fotografieren, mit Licht und Schatten zu spielen. Der arktische Winter bietet visuell eine einzigartige Stimmung. Auch für mich als Fotografin galt: In der Polarnacht in die Nähe des Nordpols zu kommen, ist eine Chance, die man vermutlich nur einmal im Leben hat. Das war mir jeden Tag sehr bewusst. Ich habe deshalb jede Möglichkeit genutzt, aufs Meereis zu gehen.

Welche Fotoausrüstung hattest du dabei?
Ich habe mit drei Vollformatkameras fotografiert, auf dem Eis hatte ich zwei davon immer bei mir. Wenn dann eine Kamera wegen der Kälte eine Zeit lang den Geist aufgab, konnte ich schnell wechseln. Außerdem hatte ich ein paar spezielle LED-Lampen dabei, um Licht zu setzen. Weil Akkus sich bei Kälte schnell entleeren, musste ich reichlich Ersatz mitnehmen. Und natürlich hatte ich sehr, sehr viele Speicherkarten und Festplatten zum Sichern der Fotos mit.

Was waren für dich als Fotografin die größten Herausforderungen während der Expedition?
Am schlimmsten waren die kalten Hände. Die Kamera ist aus Metall und leitet die Temperatur sehr stark. Darunter habe ich fast jeden Tag gelitten. Manchmal schmerzten die Hände so sehr, dass mir Tränen übers Gesicht liefen. Während der letzten paar Wochen habe ich dann eine Lösung für dieses Problem gefunden: Ich habe die Kamera etwas umgebaut und sie mit einem speziellen Klebeband in eine Art Mantel gehüllt. Weil meine Handschuhe auch wegen der Handwärmer ziemlich klobig sind, musste ich auch den Auslöser der Kamera mit Klebeband etwas umbauen, damit er sich gut bedienen ließ. Ich musste mir eine schnelle Routine erarbeiten, um den Akku in

wenigen Sekunden zu tauschen. Eine weitere Herausforderung waren die vielen Schneestürme. Manchmal hatten wir Windgeschwindigkeiten von 100 Kilometern in der Stunde. Ohne Schneebrille kann man da die Augen nicht aufmachen, aber durch die Schneebrille konnte ich kaum erkennen, was im Sucher scharfgestellt war. Dazu kam der aufgewirbelte Schnee in der Luft und natürlich die Dunkelheit. Oft wusste ich nur ungefähr, wo der Fokus lag.

Die Expedition ist noch vor Einbruch der Polarnacht in der Arktis angekommen. Wie muss man sich das Licht zu dieser Zeit vorstellen?

Ich habe mich sehr in dieses Licht verliebt. Es ist keine eintönig weiße Landschaft. Wenn sich Sonne und Wolken bewegen, ändern sich damit oft auch die Farben im Eis. Spannend sind auch die Reflexionen der Sonne auf Wasser und Eis. Besonders wenn die Sonne niedrig steht, ergeben sich wunderschöne und vielfältige Farben ... Orange, Blau, Lila. So ein Licht ist sonst nirgendwo zu finden. Doch das Wetter kann sich extrem schnell ändern. Auf einmal zieht Nebel auf und weckt eine gespenstische Stimmung. Man fühlt sich wie in einem Film.

Wie waren deine ersten Schritte auf dem Meereis?

Ich durfte gleich mit der allerersten Gruppe mitgehen, die das Eis erkundet hat. Es fühlte sich wie ein historischer Moment an, weil hier noch nie zuvor jemand war. Es erinnerte fast an eine Mondlandung. Die Vorstellung, diese Scholle würde vermutlich unser neues Zuhause sein, war sehr aufregend. Das Eis war damals noch eine fast ebene Fläche. Doch hier und da konnte man schneebedeckte Schmelzeistümpel und Presseisrücken erkennen. Später hat sich die Landschaft ständig verändert, das Eis riss oder türmte sich auf zu gigantischen Formationen.

Was waren die aus fotografischer Sicht spannendsten Momente der Expedition?

Diese Expedition war in fotografischer Hinsicht ein Traum. Ich bin sehr dankbar, dass ich diese magische Kulisse fotografieren durfte.

Auch wenn die arktische Landschaft in der Polarnacht auf den ersten Blick eher einseitig erscheint, hatte ich das Gefühl, immer wieder etwas Neues zu entdecken. Aber auch das Leben an Bord war faszinierend. Wir hatten kein Internet, keinen Fernseher. Es war spannend zu sehen, dass die Expeditionsteilnehmer in der Isolation auf dem Schiff die gemeinsame Zeit ganz anders verbringen als zu Hause. Dies zu fotografieren war sehr intim.

Wie gehst du beim Fotografieren vor?

Bei jedem Bild habe ich zunächst eine Geschichte im Kopf. Dazu recherchiere ich vorher und spreche viel mit den Menschen. Ich weiß, wann ich warum auf den Auslöser drücke und was ich damit erzählen will. Meistens fotografiere ich mit einer weiten Brennweite von 24 oder 35 Millimetern, weil ich auch im Hintergrund alle Details einfangen möchte. Ich baue meistens auch mein eigenes Licht auf. An den Einstellungen ändere ich dann nichts mehr, aber manchmal muss ich eine Ewigkeit warten, bis der Moment kommt, den ich als Bild im Kopf habe, und ich auf den Auslöser drücken kann.

Was sind das für Geschichten, die du mit der Kamera erzählst?

Einer der Helikopterpiloten hat mir erzählt, dass er selbst Flaggen näht, um die Landestellen auf dem Eis zu markieren. Er hatte dafür eine Nähmaschine auf seiner Kammer. Diese Geschichte hat mir so gut gefallen, dass ich ihn bat, beim nächsten Mal dabei sein zu dürfen. Bei diesem Foto war mir wichtig, auch seine Kammer zu zeigen. Was heißt es, auf wenigen Quadratmetern zu leben und zu arbeiten? So eine Geschichte gibt es hinter jedem Bild in diesem Buch.

Wie sah dein Alltag als Fotografin an Bord aus?

Obwohl jeder Tag anders war, hatte ich auf der Expedition eine feste Routine und musste mir die Zeit gut einteilen. Ich bin immer um 8 Uhr morgens aufgestanden. Das ist für das Leben an Bord schon relativ spät, und ich habe oft das Frühstück verpasst. Ich habe dann einen Kaffee getrunken und mich vorbereitet. Um 9 Uhr stand ich auf dem Arbeitsdeck und bin meistens schon mit der ersten Gruppe aufs Eis gegangen. Dort habe ich dann bis zum Mittagessen fotografiert. Um 13 Uhr bin ich ein zweites Mal nach draußen gegangen und bis zum Abendessen geblieben. Anschließend hatten wir noch verschiedene Besprechungen zur Planung des nächsten Tages. Am späten Abend habe ich oft noch die Fotos sortiert und bearbeitet.

Für eines deiner Bilder wurdest du mit dem World Press Photo Award in der Kategorie Umwelt ausgezeichnet. Es zeigt, wie eine Eisbärenmutter und ein Jungtier neugierig durch das Forschungscamp laufen. Wie kam es zu diesem Foto?

Das war kurz nach dem Abendessen und ich war nochmal draußen an Deck, um zu fotografieren. Plötzlich habe ich gesehen, dass viele Expeditionsteilnehmer von der Brücke aus die Eisscholle beobachteten, weil sich zwei Eisbären dem Schiff näherten. Ich bin dann ganz nach vorne auf den Bug gegangen. In der dunklen Wildnis zwei Eisbären zu sehen und gleichzeitig selbst in Sicherheit auf dem Schiff zu sein – das war eine einmalige Chance. Ich bin keine Wildlife-Fotografin, wollte aber festhalten, wie die Eisbären auf unser Forschungscamp reagieren. Wir waren schließlich nicht alleine in der Arktis, sondern nur Gäste im Reich der Eisbären.

Gab es auf der Expedition etwas, das sich durch Fotografie nicht ausdrücken lässt?

Ja! Unser begrenztes Sichtfeld lässt sich fotografisch nur sehr schwer vermitteln. Wir konnten nur sehen, was im Scheinwerferlicht des Schiffes lag oder im Lichtkegel unserer Stirnlampen. Wenn es dann auch noch windig war, hat man auch nichts anderes mehr gehört. Die Sinne funktionieren in dieser extremen Region also ganz anders als sonst. Die Dunkelheit der Polarnacht ist von unendlicher Faszination. Jeden Tag dort draußen hat es mich wieder in den Bann gezogen, in dieser Schwärze mitten auf dem Meereis zu stehen. Und jeden Tag habe ich mich auch gefragt, ob diese fremdartige und zugleich magische Welt überhaupt wirklich sein kann oder ob ich nicht doch eine Filmkulisse vor Augen habe.

Welche persönlichen Erfahrungen hast du von der Expedition mitgenommen?

Ich habe als Fotografin sehr viel dazugelernt. Im Laufe der Zeit habe ich etliche Erfahrungen mit dem Fotografieren in extremer Kälte und Dunkelheit gesammelt. Und ich habe auch ein immer größeres Verständnis für die Arbeiten der Wissenschaftlerinnen und Wissenschaftler bekommen. Wenn ich heute meine Fotos anschaue, sehe ich meine Entwicklung, die ich durchgemacht habe. Aber vor allem ist es diese einzigartige Erfahrung, auf dem Meereis zu stehen und sich bewusst zu werden, dass unter uns ein mehrere Kilometer tiefer Ozean ist. Das ist so ein unglaubliches Gefühl. Es lässt sich kaum beschreiben.

Die Spuren der Schneemobile setzen sich deutlich in der Landschaft ab, die an die Mondoberfläche erinnert. So manche Teilnehmerinnen und Teilnehmer staunen über diesen Anblick und viele teilen das Gefühl, dass gleich hinter dem farblosen Horizont der blaue Erdball aufgehen müsste.

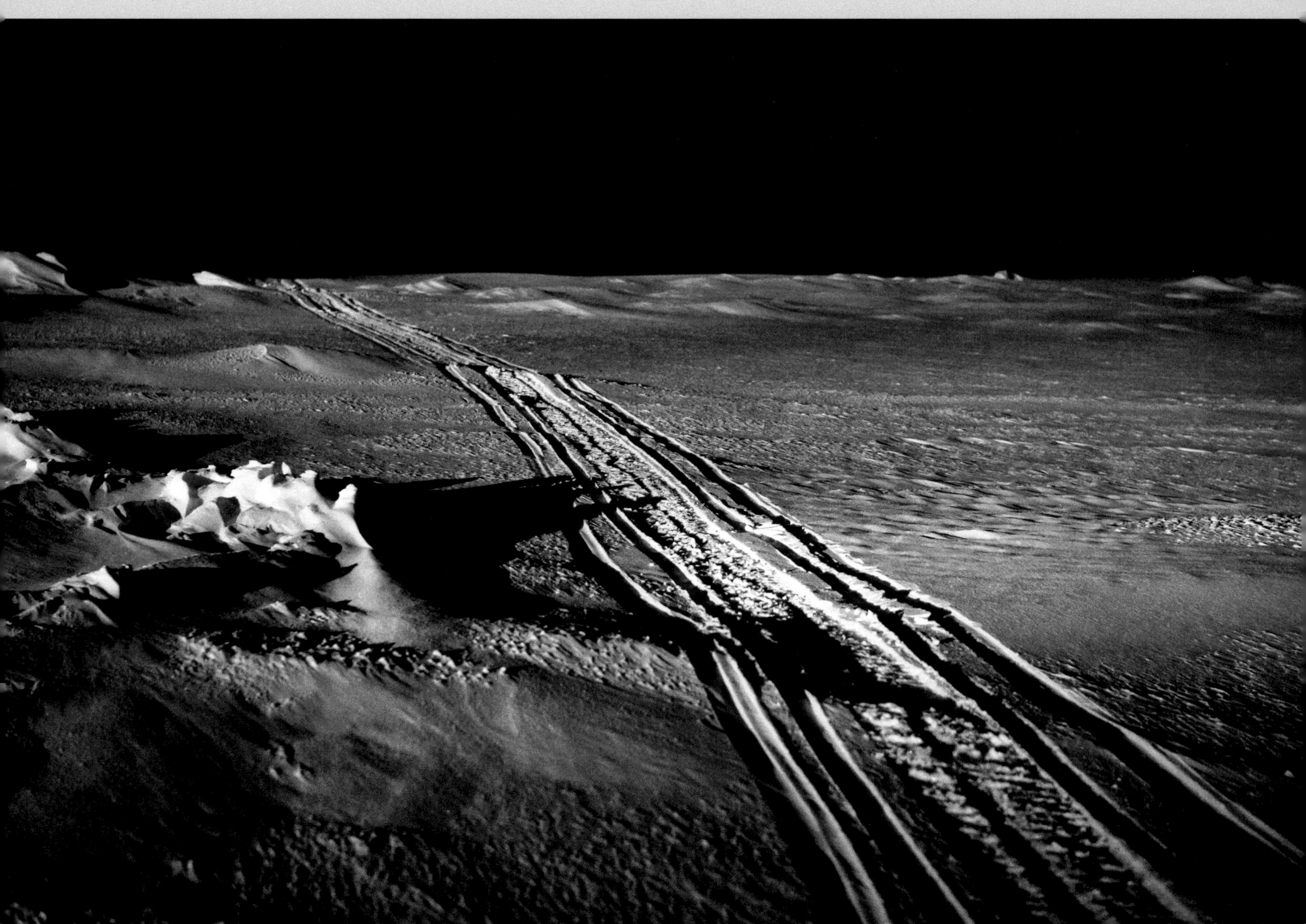

Eine andere Welt

Drift durch den arktischen Sommer

Anfang März schafft es die Sonne zum ersten Mal wieder über den Horizont. Sie kündigt den Polartag an, der bald darauf beginnt. Rund um die Uhr bleibt es dann hell. In kürzester Zeit wechselt damit die Arbeitsumgebung der Wissenschaftlerinnen und Wissenschaftler von einem Extrem ins andere – von ständiger Nacht zu dauerndem Tag.

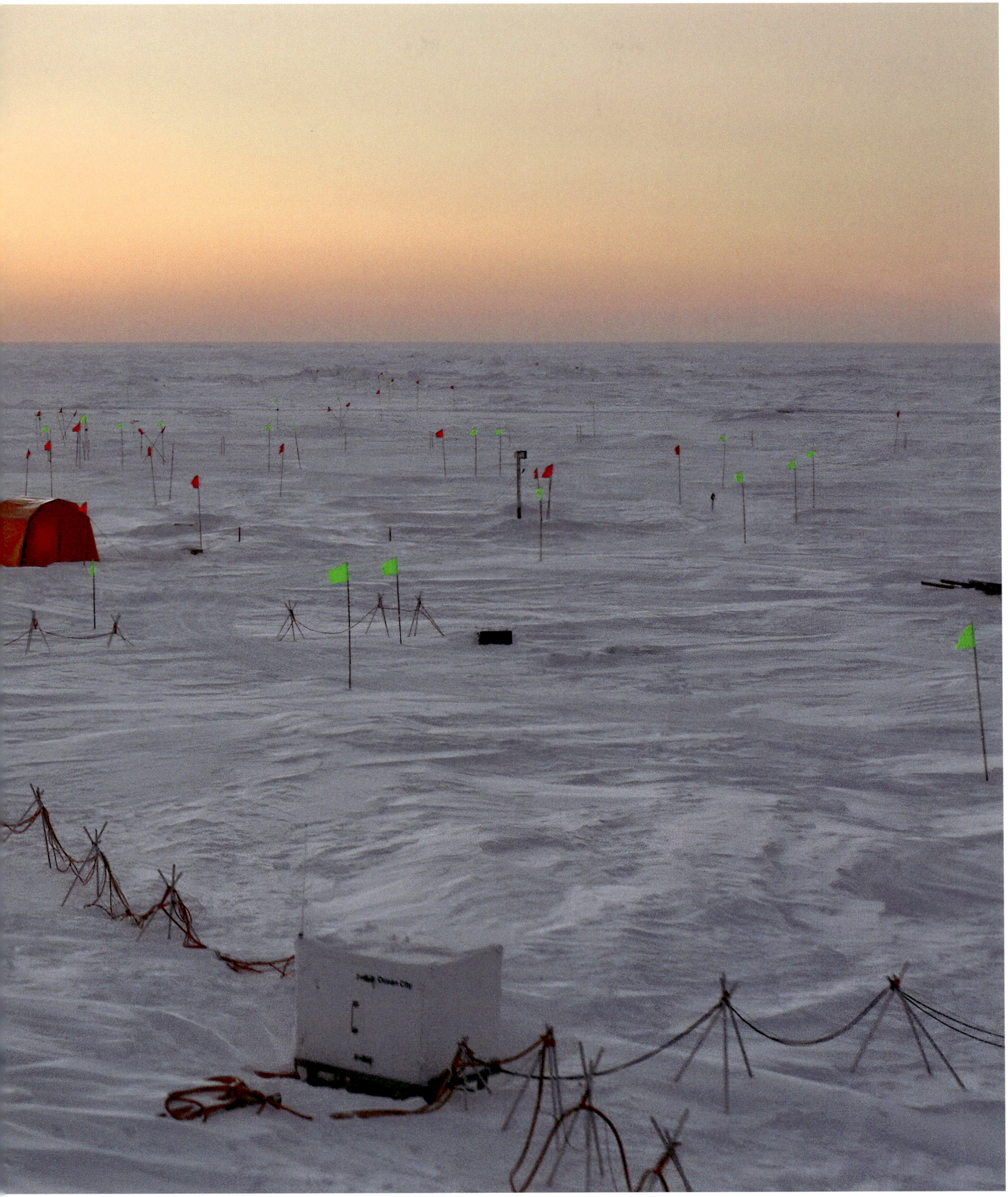

W

Während im März 2020 das Team vom zweiten Fahrtabschnitt nach Monaten wieder festen Boden betritt, driftet das Team der dritten Etappe bereits durchs Nordpolarmeer. Die Expedition kommt wie geplant voran, doch an Land zeichnen sich große Veränderungen ab.

Noch vor dem Aufbruch des neuen Teams 3 im Januar 2020 war die Nachricht einer neuartigen Lungenkrankheit in China um die Welt gegangen. Doch ließen die Nachrichten noch nicht ahnen, dass die Corona-Pandemie schon bald den gesamten Globus fest im Griff halten würde. Nur zwei Monate später schließen weltweit Länder angesichts der Pandemie ihre Grenzen. Das öffentliche Leben und der internationale Verkehr kommen beinahe gänzlich zum Erliegen – und so wird die aktuelle Weltlage auch für die Fortsetzung der MOSAiC-Expedition zur Bedrohung, wenn neue Teilnehmerinnen und Teilnehmer, wenn Versorgungsschiffe aus aller Welt nicht mehr zur Polarstern reisen können.

Eigentlich sollte das Team der dritten Etappe mit Flugzeugen, die von der Inselgruppe Spitzbergen starten, auf der Eisscholle abgelöst werden, denn im Frühjahr erreicht die Dicke des Meereises ihren Höhepunkt und wird selbst für Eisbrecher zur kaum durchbrechbaren Hürde. Doch das Coronavirus macht der Expeditionsplanung einen Strich durch die Rechnung. Um Spitzbergen vor ihm zu schützen, riegeln die norwegischen Behörden die Inselgruppe ab. Auch die alternative Route über die russische Inselgruppe Sewernaja Semlja ist inzwischen gesperrt. Nach und nach erweist sich eine Reihe von Alternativplänen als nicht mehr durchführbar. Wenngleich mit ausreichend Nahrungsmitteln und Treibstoff versorgt, ist das Team auf der Polarstern mit einem Mal vom Rest der Welt abgeschnitten.

Dank einer großen Portion Durchhaltevermögen und Engagement gibt das MOSAiC-Team dennoch nicht auf, um innerhalb weniger Wochen einen gänzlich neuen Alternativplan zu entwickeln und die Forschungsmission trotz des weltweiten Stillstands fortzusetzen. Für die Menschen, die gerade an Bord der Polarstern sind, bedeutet das, beinahe doppelt so lange auf Expedition zu sein wie ursprünglich geplant – über vier Monate verbringen die Teilnehmerinnen und Teilnehmer in der Arktis und halten, beobachtet von der Welt, die Stellung im Eis.

Währenddessen kehrt das Licht zurück und die lange Polarnacht weicht dem nicht minder langen Polartag. Höher und höher steigt die Sonne über den eisigen Horizont, bis sie schließlich gar nicht mehr untergeht. Sonnenbrillen werden jetzt zum wichtigen Ausrüstungsgegenstand, während die Stirnlampen in den Tiefen der Seesäcke verschwinden. Zuvor auf die Lichtkegel der Scheinwerfer begrenzt, liegt die Eislandschaft nun in ihrer ganzen Weite vor den Teilnehmerinnen und Teilnehmern. Der verlängerte Aufenthalt mag unfreiwillig sein, doch die Wissenschaftlerinnen und Wissenschaftler nutzen ihre gewonnene Zeit im Eis. Sie erforschen die Eisscholle unter den neuen Bedingungen des Frühjahrs aus allen denkbaren Perspektiven und dokumentieren, wie das Leben der Arktis unter dem Licht der Sonne aktiver und aktiver wird. Zugleich beweist die Scholle einmal wieder, welche Dynamik im Meereis steckt, und so gestaltet sich die Arbeit für das Forschungsteam alles andere als einfach. Presseisrücken schieben sich empor, kleine und auch große Risse erscheinen im Eis. Es macht dem Namen der Expedition alle Ehre. Auf diesem immer kleinteiligeren Schollen-Mosaik geraten auch die einzelnen Stationen des Forschungscamps in Bewegung. An beständige Wege ist kaum mehr zu denken – der meteorologische Messturm im Eiscamp ist zeitweise nur mit einem Kajak zu erreichen. Eine Zeit lang bewegt sich das Eis so stark, dass das Team sogar diskutiert, die Polarstern umzuparken und sich an einer anderen Stelle erneut einfrieren zu lassen.

Starke Winde treiben die Polarstern derweil zügig weg vom Nordpol und in Richtung Framstraße – und damit früher als erwartet in die Nähe von Spitzbergen. Ein logistischer Vorteil für den inzwischen neu entwickelten Plan: Die beiden deutschen Forschungsschiffe Sonne und Maria S. Merian brechen nach Spitzbergen auf, um das nächste Team in die Arktis zu bringen. Um zu vermeiden, dass das Coronavirus auf die Polarstern gelangt, haben die Neuankömmlinge zuvor in Bremerhaven eine zweiwöchige Quarantäne auf sich genommen. Doch die beiden Schiffe können

das neue Team und die Fracht nur bis in die Gewässer um die Inselgruppe transportieren, also bis zur Kante des Meereises, schließlich sind sie keine Eisbrecher. Und so bedeutet dieser neue Plan auch einen Aufbruch für die Polarstern selbst: Nach sieben Monaten und zwölf Tagen unterbricht der Forschungseisbrecher seine Drift. Auch während sich die Polarstern mit einem Kraftakt in Richtung Meereiskante aufmacht, behalten die Forscherinnen und Forscher ihre Heimatscholle immer im Blick: Mit autonomen Messgeräten sammeln sie weiterhin wichtige Daten, als nun die Schmelzsaison beginnt. Immer häufiger steigen die Temperaturen auf Werte um den Gefrierpunkt. Die Schneedecke auf dem Meereis verschwindet nach und nach. Auf dem Weg nach Spitzbergen beobachtet das Team, wie sich die bislang strahlend weißen Eisschollen langsam bläulich färben, wie sich die ersten Schmelztümpel bilden. Einfach macht es das Meereis der Polarstern jedoch trotzdem nicht. Unter dieser sich wandelnden, schmelzenden Oberfläche verbirgt sich zweijähriges, festes Eis, das die Polarstern schließlich nur nach zähem Ringen freigibt.

Doch dann ist es geschafft. Nach neunzehn Tagen erreicht der Eisbrecher die beiden anderen Schiffe im Adventfjord bei Spitzbergen. In geschützter Position führen die Teams das Austauschmanöver zwischen den drei Schiffen durch. Und während sich die Neuankömmlinge an Bord des Forschungsschiffs einrichten, macht sich die Crew der dritten Etappe endlich auf den Heimweg.

Schließlich bricht die Polarstern noch einmal auf. Während der kommenden Sommermonate suchen Wissenschaftlerinnen und Wissenschaftler weiter nach den noch fehlenden Puzzleteilen des arktischen Klimasystems. Sie bringen Tonnen von Proben aus Wasser, Schnee und Eis nach Hause. Unmengen von Zooplankton und Phytoplankton wandern in Labore rund um den Globus. Hunderte Terabyte Daten fließen in Modellrechnungen ein. Es sind Daten und Erkenntnisse über eine Arktis im Wandel – über eine Region, die unsere Vorstellung vom ewigen Eis als Täuschung enttarnt. Klimamodelle prognostizieren bereits, dass der Arktische Ozean mit hoher Wahrscheinlichkeit noch vor dem Jahr 2050 im Sommer immer wieder weitestgehend eisfrei sein wird. Und während ein eisfreier Ozean das Antlitz der Arktis völlig verändert, weckt dieser neue Nordpol längst industrielle Interessen und politische Begehrlichkeiten: Wo das Meereis die Wege nicht mehr versperrt, stehen große Rohstoffvorkommen, neue Fischgründe und lange begehrte Routen für die Schifffahrt in Aussicht – ob für Fracht- oder gar für Kreuzfahrtschiffe. Eine Aussicht, die für die arktische Umwelt und das sensible Ökosystem dieser Region ein großes Risiko darstellt und deshalb ein profundes Verständnis der Region umso notwendiger macht. Mit diesem Wissen wird es möglich sein, klarere Rahmenbedingungen für einen nachhaltigen Umgang mit der Arktis festzulegen.

So sind die Daten, die die Polarstern während ihrer Driftexpedition nach Hause bringt, von unschätzbarem Wert. Ihre Auswertung werden Wissenschaftlerinnen und Wissenschaftler auf der ganzen Welt in den kommenden Jahren beschäftigen und ihnen dringend benötigte Erkenntnisse über die Arktis und das globale Klimasystem ermöglichen. Erst dann werden wir besser verstehen, welche Rolle sie für das Klima der Erde spielt und was das Ende der alten Arktis für die gesamte Welt bedeutet.

Der Nordpol ist weit, weit weg. Doch was dort geschieht, bleibt nicht in der Arktis, und umgekehrt hat auch das Verhalten der Menschen rund um den Globus Auswirkungen auf diese so weit entfernte Region. Die Zukunft der Arktis liegt heute in unserer Hand.

ARM
POLARSTERN

LANDING WEIGHT max5
D-HAPS

HATLAPA

Im Winter kommt es über der Arktis zu einem ungewöhnlich starken Ozonabbau. Die Wissenschaftlerinnen und Wissenschaftler der MOSAiC-Expedition sind als einzige in der Lage, das volle Ausmaß dieses Abbaus zu quantifizieren, der in der Zentralarktis direkt über ihren Köpfen stattfindet.

POLARSTERN

Jeder Morgen beginnt mit einem prüfenden Blick aus dem Fenster: Wie hat sich die Scholle über Nacht verändert? Immer wieder bilden sich kleinere und größere Rinnen im Eis. Zeitweise sind deshalb einzelne Bereiche des Forschungscamps völlig unzugänglich. Doch jede Rinne bietet zugleich neue Forschungsmöglichkeiten, denn diese Risse im Eis spielen eine große Rolle beim Austausch von Energie und Spurengasen zwischen der Atmosphäre, dem Meereis und dem Ozean.

„Lange war unsere Scholle sehr stabil, doch das ist nun fürs Erste wieder Geschichte. Wir bewegen uns je nach Tide in verschiedene Richtungen. Viele alte Bruchstellen sind wieder aufgegangen und einige Teile des Camps sind nicht mehr auf den üblichen Wegen erreichbar. Am Nachmittag hat sich das Schiff durch die Eispressungen so stark bewegt, dass wir für einen Moment nur noch mit dem Kran auf die Scholle konnten. Wir sind gespannt, wie das nun weitergeht. Morgen erwarten wir einen neuen Sturm."

Stefanie Arndt,
Wissenschaftlerin

In kürzester Zeit kann sich das Meereis zu meterhohen Presseisrücken zusammenschieben und die Aufbauten des Forschungscamps verschlingen. Anstelle wissenschaftlicher Arbeit stehen dann für alle Aufräumarbeiten auf dem Tagesplan. Im Verlauf des Expeditionsjahres beweist das Meereis immer wieder seine spontane Dynamik und macht deutlich, dass die Forscherinnen und Forscher hier draußen nur zu Gast sind – und auf ihrem Schiff mit den Naturgewalten reisen.

HATLAPA
Tmax 5.0To
POLARSTERN
BREMERHAVEN

Dieses Buch wurde erst durch die Unterstützung von vielen Menschen möglich. Nur mit ihrer Hilfe konnten Bilder und Texte über das einzigartige Forschungsprojekt entstehen. Wir danken Prof. Dr. Antje Boetius, Dr. Karsten Wurr, Dr. Uwe Nixdorf und Prof. Dr. Markus Rex für die Möglichkeit, einen Teil der MOSAiC-Expedition zu begleiten.

Dr. Marcel Nicolaus danken wir für die inhaltliche Beratung und das kritische Lesen des Manuskripts mit Adleraugen. Dr. Ellen Damm, Dr. Hauke Flores, Dr. Clara Hoppe, Dr. Benjamin Rabe, Dr. Christian Salewski, Dr. Anja Sommerfeld, Prof. em. Timothy Stanton und Prof. Dr. Dieter Wolf-Gladrow danken wir für die inhaltliche Beratung zu den Themenschwerpunkten. Dr. Folke Mehrtens und Dr. Stefanie Arndt haben uns nicht nur beraten, sondern dankenswerterweise auch einen Teil der offiziellen Tagebucheinträge von Bord bereitgestellt. Isabelle Erler und Florian Frohnholzer gilt unser Dank für die sorgfältige und geduldige Arbeit an Lektorat und Layout. Sabine Winterstern gilt großer Dank für die Begleitung von Fotoprojekt und Fotoeditierung.

Wir danken unseren Familien und Freunden, die uns während der monatelangen Reise ans Ende der Welt doch immer nah waren. Vor allem aber danken wir allen Teilnehmerinnen und Teilnehmern der Expedition aus Crew und Wissenschaft dafür, dass sie uns an ihrem Expeditionsalltag teilhaben ließen. Ihnen ist dieses Buch gewidmet.

Esther Horvath, Sebastian Grote und Katharina Weiss-Tuider
im Juni 2020

Esther Horvath ist dokumentarische Fotografin des Alfred-Wegener-Instituts, Mitglied der International League of Conservation Photographers – iLCP, Mitglied von The Photo Society, einem Kollektiv von National-Geographic-FotografInnen, und von The Explorers Club.

Geboren wurde sie in Ungarn, wo sie ihren Magister in Wirtschaftswissenschaften an der Westungarischen Universität machte. Ihre Leidenschaft für die Fotografie veranlasste sie 2012, nach New York City zu ziehen. Hier studierte Esther Horvath am International Center of Photography und machte dort ihren Abschluss in Dokumentar- und Fotojournalismus. Sechs Jahre lebte sie in New York City, bevor sie im Jahr 2018 nach Bremen in Deutschland zog. Seit 2015 widmet Esther Horvath ihre Fotografie den Polarregionen, insbesondere dem Arktischen Ozean.

Esther Horvaths Arbeiten wurden unter anderem in *National Geographic*, *The New York Times*, *The Wall Street Journal*, *TIME*, *Audubon Magazine* und *GEO* veröffentlicht. Im Jahr 2020 gewann sie mit einem Foto von der MOSAiC-Expedition bei World Press Photo in der Einzelkategorie Environment.

Sebastian Grote studierte Geschichte und Skandinavistik an den Universitäten Köln, Helsinki und Uppsala. Ein Volontariat in der Abteilung Presse und Kommunikation an der Universität zu Köln brachte ihn in die Wissenschaftskommunikation. Anschließend wechselte er in die Kommunikationsabteilung des Alfred-Wegener-Instituts, Helmholtz-Zentrum für Polar- und Meeresforschung. Er nahm an Expeditionen in die Arktis und Antarktis teil. Während der MOSAiC-Startphase berichtete er von Bord der Polarstern über die Expedition.

Katharina Weiss-Tuider arbeitet als Managerin für Kommunikation und Medien für die MOSAiC-Expedition am Alfred-Wegener-Institut in Potsdam. Während der Expedition koordinierte sie die Medienarbeit an Bord. Sie promovierte an der Ludwig-Maximilians-Universität München im Bereich Literatur und Medien und schreibt seit Langem als freie Autorin zu Themen wie Umwelt- und Klimaschutz sowie Landwirtschaft und Ernährung. Katharina Weiss-Tuider lebt mit ihrem Mann in Berlin.

Markus Rex leitet die Atmosphärenforschung des Alfred-Wegener-Instituts, Helmholtz-Zentrum für Polar- und Meeresforschung und ist Professor für Atmosphärenphysik an der Universität Potsdam. Er hat bereits unzählige Expeditionen in Arktis, Antarktis und andere entlegene Regionen der Welt unternommen, um die komplexen Klimaprozesse zu erforschen, die dort zu teils dramatischen Klimaveränderungen führen. Er leitet das MOSAiC-Vorhaben, die einmalige ganzjährige Expedition der Polarstern in die zentrale Arktis, an der neunzig Institutionen aus zwanzig Ländern beteiligt sind. Erstmals bringt dieses Schiff eine Forschungsmannschaft im Winterhalbjahr und während der Dunkelheit der Polarnacht in die direkte Umgebung des Nordpols.

Die Zitate auf den Seiten 74–77 sind dem Buch *In Nacht und Eis. Erster Band. Die Norwegische Polarexpedition 1893–1896* von Fridtjof Nansen entnommen. Die deutschsprachige Ausgabe erschien 1897 bei F. A. Brockhaus in Leipzig.

3. Auflage 2020

Projektleitung Verlag: Curt Holtz
Assistenz: Josephine Fehrenz
Lektorat: Isabelle Erler
Gestaltung und Satz: Sofarobotnik, Augsburg und München
Herstellung: Corinna Pickart
Lithografie: Reproline Mediateam, Unterföhring
Druck und Bindung: Grafisches Centrum Cuno, Calbe
Papier: Condat matt Périgord

FSC MIX Papier aus verantwortungsvollen Quellen FSC® C043106 www.fsc.org

Penguin Random House Verlagsgruppe FSC® N001967

Printed in Germany
ISBN 978-3-7913-8669-0
www.prestel.de

UFA SHOW & FACTUAL GEO PRESTEL